"十四五"高等职业教育新形态一体化系列教材

Photoshop
图像处理案例教程

（第二版）

主　编◎李美满　邓哲林　刘小飞
副主编◎陈亚芝　周　东　曹　伟　翁　浩　李小雨　王昱陈曲

中国铁道出版社有限公司
CHINA RAILWAY PUBLISHING HOUSE CO., LTD.

内容简介

本书系统总结了编者十多年从事高职Photoshop图像处理教学与实践的经验，将技巧融入具体的实例和任务中，文字精练、配图丰富，由浅入深地讲解了Photoshop CC的强大功能，剖析了商业项目创作思路和实现过程，体现了知识结构的系统性、先进性，编排结构的科学性，教学的适用性。

全书共分10个单元，主要包括图像处理基础、选区的使用、图像的绘制与修饰、色彩的调整、图层的应用、蒙版和通道、文本编辑、路径和形状的绘制、滤镜的应用、综合实例等内容。每个单元均提供了精选案例。为了辅助读者学习，本书提供配套的精品在线开放课程，附全部案例视频、素材和教学课件，供学习者下载各章节的实例素材文件及最终效果文件，扫描书中每个案例旁的二维码，就能直接进入对应案例的网络课堂学习，随时观看老师讲课。

本书适合作为高等职业院校以及成人教育相关专业图像处理课程的教材，也可作为Photoshop爱好者的自学读本。

图书在版编目（CIP）数据

Photoshop图像处理案例教程 / 李美满，邓哲林，刘小飞主编 . -- 2版 . -- 北京：中国铁道出版社有限公司，2024.8（2025.1重印）
（"十四五"高等职业教育新形态一体化系列教材）
ISBN 978-7-113-31347-0

Ⅰ．TP391.413

中国国家版本馆 CIP 数据核字第 2024HZ3098 号

书　　　名：	Photoshop图像处理案例教程
作　　　者：	李美满　邓哲林　刘小飞

策　　划：	王春霞	编辑部电话：	（010）63551006
责任编辑：	王春霞　包　宁		
封面设计：	尚明龙		
责任校对：	苗　丹		
责任印制：	赵星辰		

出版发行：	中国铁道出版社有限公司（100054，北京市西城区右安门西街8号）
网　　址：	https://www.tdpress.com/51eds
印　　刷：	天津嘉恒印务有限公司
版　　次：	2021年2月第1版　2024年8月第2版　2025年1月第2次印刷
开　　本：	850 mm×1 168 mm　1/16　印张：15　字数：370千
书　　号：	ISBN 978-7-113-31347-0
定　　价：	59.80元

版权所有　侵权必究

凡购买铁道版图书，如有印制质量问题，请与本社教材图书营销部联系调换。电话：（010）63550836
打击盗版举报电话：（010）63549461

前 言

　　Photoshop CC 是当前最流行的图像处理软件之一，它功能强大、应用广泛，被誉为"神奇的魔术师"。随着 Adobe 公司的逐步发展，Photoshop 的功能不断完善，Photoshop 在图像处理及平面设计领域中一直占据领先地位。

　　《Photoshop 图像处理案例教程》第一版自 2021 年 2 月出版发行之后，因其实用性和易读性而受到广大用户的喜爱和好评，教材配套的国家资源库建设精品在线开放课程，目前注册用户数接近 10 万。为了进一步提高教材质量，编者在第一版基础上进行修订，补充了讨论、课后动手实践以及综合实例。

　　职业院校聚焦培养创新型、发展型、复合型的技术技能人才，"职业性"成为其鲜明的特征。目前，职业教育教材编写人员多为职业院校教师和教学研究人员，缺少企业一线实践经验，教材内容与职业工作岗位并不能完全衔接。党的二十大报告提出："统筹职业教育、高等教育、继续教育协同创新，推进职普融通、产教融合、科教融汇，优化职业教育类型定位。"本书落实立德树人根本任务，坚定文化自信，践行党的二十大报告精神，对接企业岗位需求，由校企高技能型人才共同合作，精选典型的图像处理案例为载体，是围绕相关岗位职业能力而开发的案例化教程。编写团队不但具有独立开发课程软件、网站的能力，同时具备开发微课，制作多媒体课件、动画与视频的能力，在相关教材或教学方面取得了有影响的研究成果。编写团队深入企业调研，了解企业技术和产业升级需求，实现专业与产业对接，课程与岗位对接，教学过程与生产过程对接。本书从规划、编写、审核、选用等环节注重体现职业教育特色，从岗位工作要求出发，将岗位需求的技术技能分解成一个个项目、项目下的一个个任务，采用"项目导入，任务驱动"的项目化教学编写方式，体现"基于工作过程""教、学、做"一体化的教学理念和实践特点，让学生在"做中学"的过程中掌握知识、提高技能、提升职业素养。

　　本书注重企业技术人员的参与，从图像处理的实际出发，将知识贯穿于具有代表性的实例中，帮助读者学习和巩固基础知识。本书提供的综合案例，帮助学生了解 Photoshop CC 在图像处理中的实际应用，操作步骤清晰详细，便于学生快速掌握图像处理在多个领域的设计方法。

　　本书的编写原则是力求精简实用，从基础知识着手，详细介绍图像处理中最基本、最实用的知识和技巧。全书共分 10 个单元，主要包括图像处理基础、选区的使用、图像的绘制与修饰、色彩的调整、图层的应用、蒙版和通道、文本编辑、路径和形状的绘制、滤镜的应用、综合实例等内容。

I

本书是校企"双元"合作开发的教材，教材内容突出技术应用。课程建设与教材编写融合深入，编排方式灵活，呈现形式紧密服务教学内容安排和教学目的。为了更好地服务教学，编者还开发了与课程配套的相关数字化教学资源库，通过二维码技术使数字资源与纸质有机融合，以教材为载体，及时升级教材配套的省级精品在线开放课程 https://www.xuetangx.com/course/gdrtvu1305txclrh/19321572，免费提供给所有师生使用，为广大老师和学生提供课程全套解决方案，也可以从中国铁道出版社教育资源数字化平台（https://www.tdpress.com/51eds/）下载。

本书由李美满、邓哲林、刘小飞任主编，陈亚芝、周东、曹伟、翁浩、李小雨、王昱陈曲任副主编，具体分工如下：李美满编写单元1至单元6并对全书进行统稿；刘小飞、陈亚芝编写单元7，周东、曹伟编写单元8，翁浩、李小雨编写单元9，邓哲林编写单元10，王昱陈曲编写课后动手实践。

在本书的编写过程中参考了大量的书籍、文献资料和网络资源，得到了很多专家、学者的热诚帮助。在此，谨向相关文献作者和提供帮助的专家学者致谢！

由于编者水平有限，加上编写时间仓促，书中不妥与疏漏之处在所难免，敬请读者批评指正，以便再版时补充和完善。编者邮箱：E-mail:meimanli@163.com。

编 者
2024年5月

目 录

单元1　图像处理基础 ······································ 1

1.1　Photoshop CC 工作界面 ········ 2
1.2　图像处理基础知识 ················· 5
　　1.2.1　位图与矢量图 ················ 5
　　1.2.2　分辨率 ························· 6
1.3　颜色模式 ······························ 7
1.4　常用文件的存储格式 ············· 9
1.5　图像处理基本工作流程 ········· 11
　　1.5.1　创建新图像文件 ············ 11
　　1.5.2　存储图像文件 ············... 12
　　1.5.3　打开和关闭文件 ············ 13
　　1.5.4　颜色的设置 ·················· 14
　　1.5.5　填充颜色 ····················· 15
　　1.5.6　使用标尺、网格与参考线 ···· 16
　　1.5.7　图像编辑的基本操作 ······ 18
【案例1】转换图像文件格式 ········· 20
【案例2】改变图像大小操作 ········· 22
【案例3】制作"圆形按钮" ············ 24
讨论 ·· 28
课后动手实践 ································ 28

单元2　选区的使用 ···································· 29

2.1　创建规则选区 ······················ 30
　　2.1.1　选框工具组 ·················· 30
　　2.1.2　选框工具属性栏中的运算 ···· 31
2.2　创建不规则选区 ··················· 32

　　2.2.1　套索工具的使用方法 ······ 32
　　2.2.2　多边形套索工具 ············ 33
　　2.2.3　磁性套索工具 ··············· 33
　　2.2.4　智能化的选取工具 ········· 33
2.3　选区的调整 ························· 36
【案例4】"立体圆球"效果 ··········· 38
【案例5】绘制一个太极图图标 ······ 40
【案例6】绘制"简易蘑菇" ············ 44
【案例7】枯木逢春合成效果 ········· 47
讨论 ·· 50
课后动手实践 ································ 50

单元3　图像的绘制与修饰 ························ 51

3.1　绘画类工具 ························· 52
　　3.1.1　画笔工具 ····················· 52
　　3.1.2　铅笔工具 ····················· 53
　　3.1.3　颜色替换工具 ··············· 54
　　3.1.4　擦除工具 ····················· 54
3.2　修饰工具 ····························· 55
　　3.2.1　修复画笔工具组 ············ 55
　　3.2.2　图章工具组 ·················· 58
　　3.2.3　模糊工具组 ·················· 59
　　3.2.4　历史记录画笔工具组 ······ 60
【案例8】提示牌的去除 ················ 60
【案例9】绘制花纹图案 ················ 61
讨论 ·· 66
课后动手实践 ································ 66

I

单元4　色彩的调整·················67

　　4.1　常用色彩工具················68
　　4.2　色彩调整的基本方法··········69
　　4.3　色彩调整的中级方法··········71
　　4.4　色彩调整的高级方法··········75
　　【案例10】"鲜艳玫瑰"效果·······81
　　【案例11】花蕊颜色调整··········82
　　【案例12】圆环制作··············83
　　讨论··························87
　　课后动手实践··················87

单元5　图层的应用··················89

　　5.1　图层的基础知识··············90
　　5.2　图层的编辑··················91
　　5.3　图层的混合模式··············93
　　5.4　图层样式····················97
　　　　5.4.1　图层样式命令··········97
　　　　5.4.2　图层样式效果··········98
　　5.5　填充图层和调整图层·········104
　　【案例13】树叶人脸效果·········105
　　【案例14】制作水晶按钮·········107
　　【案例15】在台阶上添加图案·····109
　　【案例16】正方体制作···········111
　　讨论·························114
　　课后动手实践·················114

单元6　蒙版和通道·················115

　　6.1　蒙版的创建与基本操作·······116
　　　　6.1.1　蒙版及类型···········116
　　　　6.1.2　快速蒙版·············116
　　　　6.1.3　蒙版面板·············117
　　　　6.1.4　图层蒙版·············118
　　　　6.1.5　矢量蒙版·············119
　　　　6.1.6　剪贴蒙版·············120

　　6.2　通道及其基本操作···········120
　　　　6.2.1　通道及类型···········120
　　　　6.2.2　通道的基本操作·······121
　　　　6.2.3　专色通道的使用·······123
　　　　6.2.4　通道运算·············123
　　【案例17】使用"贴入"命令创建
　　　　　　　日落风光·············125
　　【案例18】使用"矢量蒙版"命令
　　　　　　　创建春色满园效果······127
　　【案例19】用通道作为选区载入的
　　　　　　　技术制作黄花效果······129
　　【案例20】照片白天变黑夜·······131
　　讨论·························136
　　课后动手实践·················136

单元7　文本编辑···················137

　　7.1　输入文字···················138
　　7.2　编辑文字···················139
　　7.3　转换文字···················142
　　7.4　变形文字···················143
　　【案例21】段落文字的创建和编辑
　　　　　　　实例·················144
　　【案例22】花朵文字·············146
　　【案例23】制作邮票效果·········149
　　讨论·························152
　　课后动手实践·················152

单元8　路径和形状的绘制···········153

　　8.1　绘制路径···················154
　　8.2　路径的选择和编辑···········156
　　8.3　绘制形状图形···············160
　　【案例24】人物套环圈···········163
　　【案例25】描绘雀鸟·············165
　　讨论·························168
　　课后动手实践·················168

单元9　滤镜的应用 ……………………169
　　9.1　滤镜及滤镜库 ………………170
　　9.2　常用滤镜的应用 ……………171
　　【案例26】利用滤镜制作水波 ……188
　　【案例27】西瓜的制作 ……………190
　　讨论 ……………………………192
　　课后动手实践 …………………192

单元10　综合实例 ……………………193
　　【综合实例1】制作证件照 …………194
　　【综合实例2】绘制手镯 ……………197

【综合实例3】火焰人像 ……………203
【综合实例4】制作放射文字 ………207
【综合实例5】促销图标设计 ………211
【综合实例6】水晶效果 ……………217
【综合实例7】中秋节引导页设计 …222
讨论 ……………………………227
课后动手实践 …………………227

附录　Photoshop CC常用
　　　快捷键 ……………………228
参考文献 ……………………………232

网络出版资源明细表

序号	链接内容	页码
1	【案例1】转换图像文件格式	20
2	【案例2】改变图像大小操作	22
3	【案例3】制作"圆形按钮"	24
4	【案例4】"立体圆球"效果	38
5	【案例5】绘制一个太极图图标	40
6	【案例6】绘制"简易蘑菇"	44
7	【案例7】枯木逢春合成效果	47
8	【案例8】提示牌的去除	60
9	【案例9】绘制花纹图案	61
10	【案例10】"鲜艳玫瑰"效果	81
11	【案例11】花蕊颜色调整	82
12	【案例12】圆环制作	83
13	【案例13】树叶人脸效果	105
14	【案例14】制作水晶按钮	107
15	【案例15】在台阶添加上图案	109
16	【案例16】正方体制作	111
17	【案例17】使用"贴入"命令创建日落风光	125
18	【案例18】使用"矢量蒙版"命令创建春色满园效果	127
19	【案例19】用通道作为选区载入的技术为制作黄花效果	129
20	【案例20】照片白天变黑夜	131
21	【案例21】段落文字的创建和编辑实例	144
22	【案例22】花朵文字	146
23	【案例23】制作邮票效果	149
24	【案例24】人物套环圈	163
25	【案例25】描绘雀鸟	165
26	【案例26】利用滤镜制作水波	188
27	【案例27】西瓜的制作	190
28	【综合实例1】制作证件照	194
29	【综合实例2】绘制手镯	197
30	【综合实例3】火焰人像	203
31	【综合实例4】制作放射文字	207
32	【综合实例5】促销图标设计	211
33	【综合实例6】水晶效果	217
34	【综合实例7】中秋节引导页设计	222

单元 1

图像处理基础

知识目标：

了解Photoshop工作界面；掌握图像的基础知识和Photoshop工具箱的使用；熟悉图像处理基本工作流程，完成项目实训。

能力目标：

会图像处理的基本方法。

素质目标：

培养学生在图像处理过程中始终保持严谨、准确的工作态度，鼓励勇于创新，运用不同的方法进行图像处理。

Adobe Photoshop，简称PS，是由Adobe Systems公司开发和发行的图像处理软件。Photoshop主要处理以像素构成的数字图像。使用其众多的编修与绘图工具，可以有效地进行图片编辑工作。Photoshop是目前人们最广泛采用的数码图像处理软件，被公认为最好的通用平面美术设计软件。Photoshop的功能完善，性能稳定，使用方便，几乎在电影、广告、出版、软件等领域广为使用。截至当前，主流版本为Photoshop CC。Adobe支持Windows操作系统、Android与mac OS，Linux操作系统用户可以通过Wine运行Photoshop。

1.1 Photoshop CC 工作界面

安装并启动Photoshop CC 后，即可进入Photoshop CC工作界面中，Photoshop CC软件的启动界面与之前版本的启动界面有很大变化，Photoshop CC的启动界面更加晶莹剔透，有一种精致的美感。与之前版本不同的是，Photoshop CC是全黑的工作界面，这是为了让用户更加专注于图像处理，还可以更加凸显图像的色彩等效果，给用户完全不同的视觉体验。打开一个图像后的Photoshop CC工作界面如图1-1所示，工作界面由菜单栏、工具箱、属性栏、工作窗口、状态栏、面板等组成。

图1-1　Photoshop CC工作界面

1．菜单栏

菜单栏提供了11 个菜单项，在Photoshop 中能用到的命令几乎都集中在菜单栏，包括文件、编辑、图像、图层、文字、选择、滤镜、3D、视图、窗口和帮助菜单项，如图1-2所示。单击菜单栏中的菜单项，就会打开相应的菜单。如果菜单中的命令呈灰色，则表示该命令在当前编辑状态下不可用；如果在命令右侧有一个三角符号，则表示此命令包含有子菜单，只要将鼠标移动到该命令上，即可打开其子菜单；如果在命令右侧有省略号"…"，则执行此命令时会弹出相应对话框。

图1-2　菜单栏

（1）"文件"菜单："文件"菜单中主要集中了一些对文件的操作命令，包括新建、打开、存储、导入、打印等。

（2）"编辑"菜单："编辑"菜单中的命令用于对图像进行还原、剪切、复制、清除、填充、描边等操作。

（3）"图像"菜单："图像"菜单中的命令用于对图像进行常规编辑，包括颜色模式、色彩调整、自动调整等。

（4）"图层"菜单："图层"菜单用于对图层进行控制和编辑，包括对图层的新建、复制和删除，通过选择对应的命令，即可执行相应的操作。

（5）"文字"菜单："文字"菜单是Photoshop CC 中新增的菜单，用于对创建的文字进行调整和编辑，包括文字面板的选项、抗锯齿、文字变形、字体预览大小等。

（6）"选择"菜单："选择"菜单中的命令用于对选区进行控制，可以对选区进行反向、存储和载入等操作。

（7）"滤镜"菜单："滤镜"菜单中包含了Photoshop的所有滤镜命令，通过选择相关滤镜命令，可以对图像添加各种艺术效果。

（8）"3D"菜单："3D"菜单中包含了多个对3D 图像进行操作的命令，可从3D文件新建图层、凸纹、3D 绘图模式等。

（9）"视图"菜单："视图"菜单中的命令用于对图像的视图进行调整，包括缩放视图、屏幕模式、标尺显示、参考线的创建和清除等。

（10）"窗口"菜单："窗口"菜单中的命令用于对工作区进行调整和设置，在该菜单中，可以对Photoshop提供的面板进行显示或隐藏。

（11）"帮助"菜单："帮助"菜单中的命令可以帮助用户解决一些疑问，如对Photoshop 中某个命令或功能不了解等，可以通过"帮助"菜单寻求帮助。

2．属性栏

属性栏位于菜单栏的下方，选中某个工具后，属性栏就会改变成相应工具的属性设置选项，可更改相应的选项、设置参数等，使工具在使用中变得更加灵活，有利于提高工作效率。图1-3所示为属性栏。

图1-3 属性栏

3．工具箱

对图像的修饰以及绘图等工具都从工具箱中调用。几乎所有工具的右下角都有一个小三角形符号，这表示在工具位置上存在一个工具组，其中包括若干相关工具，右击可以展开工具组。图1-4显示了Photoshop CC中文版工具箱中全部的隐藏工具。单击可选中工具，属性栏会显示该工具的属性。只要在工具箱顶部单击三角形转换符号，就可以将工具箱的形状在单长条和短双条之间转换。

4．工作窗口

工作窗口是Photoshop的主要工作区，用于显示图像文件。显示当前打开文件的名称、颜色模式等信息。拖动工作窗口的标签，可以移动当前工作窗口。单击工作窗口右侧的"关闭"按钮可以关闭工作窗口。按【Ctrl+Tab】组合键可在多个工作窗口之间进行切换。

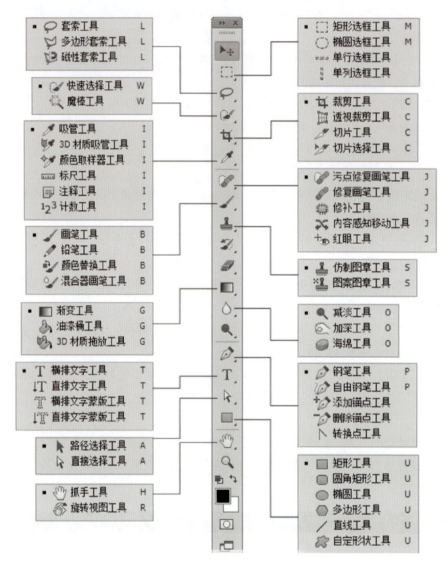

图1-4　Photoshop CC工具箱

5．状态栏

状态栏位于图像窗口的底部，主要放置当前图像的相关状态、编辑信息（如文档大小、当前工具等）。单击状态栏右侧三角形符号，可以打开子菜单，即可显示状态栏包含的所有可显示选项。

6．控制面板

面板组用来安放制作需要的各种常用面板，也可以称为浮动面板。位于界面的右侧，面板组可以将不同类型的面板归类到相对应的组中，并将其停靠在右边面板组中，在处理图像时需要哪个面板，只要单击标签即可快速显示相对面板，从而不必再到菜单中打开，如图1-5所示。

单元1　图像处理基础

图1-5　控制面板

7. 恢复默认的首选项设置

在编辑图像的过程中，如果遇到应用程序出现异常情况，很可能是因为系统首选项已被损坏，此时可将首选项恢复为默认设置。要将所有首选项都恢复为默认设置时，只需在启动Photoshop时，按【Ctrl+Shift+Alt】组合键，弹出Adobe Photoshop CC提示对话框，如图1-6所示，单击"是"按钮，即可恢复默认的首选项设置。

图1-6　Adobe Photoshop CC提示对话框

1.2 图像处理基础知识

图像是客观对象的一种相似性的、生动性的描述或写真，是人类社会活动中最常用的信息载体。或者说图像是客观对象的一种表示，包含了被描述对象的有关信息，它是人们最主要的信息源。

1.2.1 位图与矢量图

图像是可由计算机输入设备捕捉的实际场景的画面，或以数字化形式存储的画面，又称位图图像；图形一般可用计算机软件绘制，是由点、线、面等元素组合而成的，又称矢量图形。

1. 位图

位图又称点阵图像或像素图像，是由称为像素（图片元素）的单个点组成的。这些点可以进行不同的排列和染色，以构成图样。当放大位图时，可以看见赖以构成整个图像的无数单个方块。扩大位图尺寸的效果是增大单个像素，从而使线条和形状显得参差不齐。然而，如果从稍远的位置观看它，位图图像的颜色和形状又显得是连续的。可用数码照相机或扫描仪等设备获取。与矢量图形的最大区别是，位图图像更容易描述物体的真实效果。将这类图像放大到一定程度，可以看到它是由一个个小方块组成的，这些小方块就是像素点，图1-7所示为位图全图，图1-8是图1-7的局部放大图，位图图像的大小和质量取决于图像中像素点的多少。通常每平方英寸的面积上所含像素点越多，图像就越清晰，颜色之间的混合就越平滑，同时文件也越大，越容易表现丰富的色彩图像。

图1-7　位图全图　　　　　　　　　　　图1-8　位图局部放大图

Adobe Photoshop是基于位图的软件，比较适合制作各种特殊效果、图像处理和网页设计等。

2．矢量图

矢量图是根据几何特性来绘制图形，矢量可以是一个点或一条线，矢量图只能靠软件生成，文件占用内存空间较小，因为这种类型的图像文件包含独立的分离图像，可以自由无限制地重新组合。它的特点是放大后图像不会失真，和分辨率无关，同时其容量相对比较小，不容易表达丰富的色彩。矢量图形主要适用于精确线形的标志设计，适用于图形设计、文字设计、版式设计等。

1.2.2　分辨率

像素是图像显示的基本单位，被视为图像最小的完整采样，是有颜色的小方块。图像就是由若干个小方块组成的。它们有各自的颜色和位置，因此小方块越多，也就是像素越多，那么图像也就越清晰，但图像的大小也就越大。

分辨率是屏幕图像的精密度，是指显示器所能显示的像素的多少。由于屏幕上的点、线和面都是由像素组成的，显示器可显示的像素越多，画面就越精细，同样的屏幕区域内能显示的信息也越多，所以分辨率是一个非常重要的性能指标。通常可以分为以下几种不同的分辨率。

1．屏幕分辨率

确定计算机屏幕上显示多少信息的设置，以水平和垂直像素衡量。例如，显示器的分辨率为1 024×768，是指显示器一条扫描线上有1 024个像素，而整个屏幕共有768条扫描线。可在"显示属性"对话框中完成屏幕分辨率的设置。

2．图像分辨率

图像分辨率指图像中存储的信息量，是每英寸图像内有多少个像素点，分辨率的单位为PPI（pixels per inch），通常称为像素每英寸。图像的分辨率越高，则每英寸包含的像素点就越多、越密，图像的颜色过渡就越平滑。同时图像的分辨率和图像的大小有着不可分割的关系，图像的分辨率越高，所包含的像素点就越多，则图像的信息量也就越大，文件的容量也就越大。如果图像用于计算机和网页中，使用72像素即可；但如果用于印刷，则分辨率应设为300像素或300像素以上，否则图像会像素化。

3. 扫描分辨率

扫描分辨率是指多功能一体机在实现扫描功能时，通过扫描元件将扫描对象每英寸可以被表示成的点数。单位是dpi，dpi值越大，扫描的效果越好。它的表示方式是用垂直分辨率和水平分辨率相乘表示。如某款产品的分辨率标识为600×1 200 dpi，就表示它可以将扫描对象每平方英寸的内容表示成水平方向600点、垂直方向1 200点，两者相乘共720 000个点。

4. 打印机分辨率

打印机分辨率又称输出分辨率，是指在打印输出时横向和纵向两个方向上每英寸最多能够打印的点数，通常以"点/英寸"即dpi（dot per inch）表示。而所谓最高分辨率就是指打印机所能打印的最大分辨率，也就是所说的打印输出的极限分辨率。平时所说的打印机分辨率一般指打印机的最大分辨率，目前一般激光打印机的分辨率均在600×600 dpi以上。

1.3 颜色模式

色彩使图像绚丽多彩，认识色彩是图像色彩处理和调整的基础。色彩分非彩色和彩色两类。非彩色是指黑、白、灰系统色。彩色是指除了非彩色以外的所有色彩，如红、橙、黄、绿、蓝、紫。原色就是最基本的色，大多数颜色可由三种最基本的原色混合而成，计算机采用的三原色是红、绿、蓝。颜色模式是将某种颜色表现为数字形式的模型，或者说是一种记录图像颜色的方式，分为RGB模式、CMYK模式、HSB模式、Lab颜色模式、位图模式、灰度模式、索引颜色模式、双色调模式和多通道模式。

1. RGB模式

虽然可见光的波长有一定的范围，但人们在处理颜色时并不需要将每一种波长的颜色都单独表示。因为自然界中所有颜色都可以用红、绿、蓝（RGB）这三种颜色波长的不同强度组合而得，这就是人们常说的三基色原理。因此，这三种光常被人们称为三基色或三原色。有时这三种基色又称添加色（additive colors），这是因为当把不同光的波长加到一起时，得到的将会是更加明亮的颜色。把三种基色交互重叠，就产生了次混合色：青（cyan）、洋红（magenta）、黄（yellow）。这同时也引出了互补色（complementary color）的概念。基色和次混合色是彼此的互补色，即彼此之间最不一样的颜色。例如，青色由蓝色和绿色构成，而红色是缺少的一种颜色，因此青色和红色构成了彼此的互补色。在数字视频中，对RGB三基色各进行8位编码就构成了大约1 677万种颜色，这就是人们常说的真彩色。

2. CMYK模式

CMYK模式是一种印刷模式。其中四个字母分别指青（cyan）、洋红（magenta）、黄（yellow）、黑（black），在印刷中代表四种颜色的油墨。CMYK模式在本质上与RGB模式没有区别，只是产生色彩的原理不同，在RGB模式中由光源发出的色光混合生成颜色，而在CMYK模式中由光线照到有不同比例C、M、Y、K油墨的纸上，部分光谱被吸收后，反射到人眼的光产生颜色。由于C、M、Y、K在混合成色时，随着C、M、Y、K四种成分的增多，反射到人眼的光会越来越少，光线的亮度会越来越低，所以CMYK模式产生颜色的方法又称色光减色法。

3．HSB模式

客观世界的色彩千变万化。而真正视觉所感知的一切色彩的形象，都具有色相、明度和纯度这三种特性，这三种特性也就是色彩最基本的三元素，如图1-9所示。

（1）色相：色相即色彩的相貌，是区别色彩种类的名称。人类的视觉能感受到红、橙、黄、绿、青、蓝、紫这些不同特征的色彩，并且给这些可以相互区别的颜色定出名称，就形成了色相的概念。正是由于色彩具有这些具体相貌的特征，才能让人类感受到一个五彩缤纷的世界。色相就很像色彩外表的华美肌肤。能够体现色彩外向的性格，是色彩的灵魂。

图1-9　色相环

（2）明度：明度即色彩的明暗程度，也就是色彩的深浅变化和差别。

在无色彩中，明度最高的颜色为白色，明度最低的颜色为黑色，中间存在一个从亮到暗的灰色。在有色彩中，任何一种纯度色都有着自己的明度特征。尤其在视觉上反应越强烈、越刺激、越明显的颜色，明度也就越高。如黄色为明度最高的颜色，处于光谱的中心位置，而紫色是明度最低的颜色，处于光谱的边缘位置。明度要素可以看作色彩的骨骼，它是色彩结构的关键。

（3）纯度：纯度即色彩的纯净程度，又称鲜艳程度（饱和度）。

真正意义上纯度最高的颜色为原色，混合次数越多的颜色，其纯度也就越低；反之混合次数越少，其纯度就越高。纯度则体现色彩内向的品格。同一色相，即使纯度发生了细微的变化，也会带来色彩性格的变化。

从心理学的角度来看，颜色有三个要素：色泽（hue）、饱和度（saturation）和亮度（brightness）。HSB模式便是基于人对颜色的心理感受的一种颜色模式。它是由RGB三基色转换为Lab颜色模式，再在Lab颜色模式的基础上考虑了人对颜色的心理感受这一因素而转换成的。因此，这种颜色模式比较符合人的视觉感受，让人觉得更加直观一些。它可由底与底对接的两个圆锥体立体模型来表示，其中轴向表示亮度，自上而下由白变黑；径向表示色饱和度，自内向外逐渐变高；而圆周方向，则表示色调的变化，形成色环。

4．Lab颜色模式

Lab颜色是由RGB三基色转换而来的，它是由RGB模式转换为HSB模式和CMYK模式的桥梁。该颜色模式由一个光量度（luminance）和两个颜色（a、b）轴组成。它由颜色轴所构成平面上的环形线表示色的变化，其中径向表示色饱和度的变化，自内向外，饱和度逐渐增高；圆周方向表示色调的变化，每个圆周形成一个色环；而不同的光量度表示不同的亮度并对应不同环形颜色变化线。它是一种具有"独立于设备"的颜色模式，即不论使用何种监视器或者打印机，Lab的颜色不变。其中a表示从洋红至绿色的范围，b表示黄色至蓝色的范围。

5．位图模式

位图模式用两种颜色（黑和白）来表示图像中的像素。位图模式的图像又称黑白图像。因为其深度为1，又称一位图像。由于位图模式只用黑白色来表示图像的像素，在将图像转换为位图模式时会丢失大量细节，因此Photoshop提供了几种算法来模拟图像中丢失的细节。在宽度、高度和分辨率相同的情况下，位图模式的图像尺寸最小，约为灰度模式的1/7和RGB模式的1/22。

6．灰度模式

灰度模式可以使用多达256级灰度来表现图像，使图像的过渡更平滑细腻。灰度图像的每个像素有一个0（黑色）到255（白色）之间的亮度值。灰度值也可以用黑色油墨覆盖的百分比来表示（0%等于白色，100%等于黑色）。使用黑白或灰度扫描仪产生的图像常以灰度显示。

7．索引颜色模式

索引颜色模式是网上和动画中常用的图像模式，当彩色图像转换为索引颜色的图像后包含近256种颜色。索引颜色图像包含一个颜色表。如果原图像中颜色不能用256色表现，则Photoshop会从可使用的颜色中选出最相近颜色来模拟这些颜色，这样可以减小图像文件的尺寸。用来存放图像中的颜色并为这些颜色建立颜色索引，颜色表可在转换的过程中定义或在生成索引图像后修改。

8．双色调模式

双色调模式采用2~4种彩色油墨来创建由双色调（2种颜色）、三色调（3种颜色）和四色调（4种颜色）混合其色阶来组成图像。在将灰度图像转换为双色调模式的过程中，可以对色调进行编辑，产生特殊的效果。而使用双色调模式最主要的用途是使用尽量少的颜色表现尽量多的颜色层次，这对于减少印刷成本是很重要的，因为在印刷时，每增加一种色调都需要更大的成本。

9．多通道模式

多通道模式对有特殊打印要求的图像非常有用。例如，如果图像中只使用了一两种或两三种颜色时，使用多通道模式可以减少印刷成本并保证图像颜色的正确输出。16位通道模式在灰度RGB或CMYK模式下，可以使用16位通道来代替默认的8位通道。根据默认情况，8位通道中包含256个色阶，如果增到16位，每个通道的色阶数量为65 536个，这样能得到更多的色彩细节。Photoshop可以识别和输入16位通道的图像，但对于这种图像限制很多，所有滤镜都不能使用。另外，16位通道模式的图像不能用于印刷。

可以根据新建文档的不同需求选择不同的颜色模式。若图像是用来印刷的设计稿，则选择CMYK颜色模式；若是普通图像表现真实世界，则选择RGB颜色模式；若是单色图像，则选用灰度颜色模式。

1.4 常用文件的存储格式

为了适应不同应用的需要，图形或图像可以以多种文件格式存储，不同的图形或图像文件格式具有不同的存储特性，不同格式图形或图像之间也可以通过一些工具软件来互相转换。

1．BMP（*.BMP）格式

位图（BMP，bitmap）是一种与硬件设备无关的图像文件格式，使用非常广泛。它采用位映射存储格式，除了图像深度可选之外，不采用其他任何压缩，因此，BMP文件所占用的空间很大。BMP文件的图像深度可选1位、4位、8位及24位。BMP文件存储数据时，图像的扫描方式为从左到右、从下到上。

2. JPEG（*.JPG）格式

联合照片专家组（JPEG，joint photographic expert group）也是最常见的一种图像格式，文件扩展名为".jpg"或".jpeg"，是最常用的图像文件格式，由一个软件开发联合会组织制定，是一种有损压缩格式，能够将图像压缩到很小的存储空间，图像中重复或不重要的资料会被丢失，因此容易造成图像数据的损伤。尤其是使用过高的压缩比例，将使最终解压缩后恢复的图像质量明显降低，如果追求高品质图像，不宜采用过高压缩比例。但是JPEG压缩技术十分先进，它用有损压缩方式去除冗余的图像数据，在获得极高的压缩率的同时能展现十分丰富生动的图像，换句话说，就是可以用最少的磁盘空间得到较好的图像品质。而且JPEG是一种很灵活的格式，具有调节图像质量的功能，允许用不同的压缩比例对文件进行压缩，支持多种压缩级别，压缩比率通常在10∶1~40∶1，压缩比越大，品质就越低；压缩比越小，品质就越好。例如，可以把1.37 MB的BMP位图文件压缩至20.3 KB。当然也可以在图像质量和文件尺寸之间找到平衡点。JPEG格式压缩的主要是高频信息，对色彩的信息保留较好，适合应用于互联网，可减少图像的传输时间，可以支持24位真彩色，也普遍应用于需要连续色调的图像。

3. GIF（*.GIF）格式

图形交换格式（GIF，graphics interchange format）是CompuServe公司在1987年开发的图像文件格式。GIF文件的数据，是一种基于LZW算法的连续色调的无损压缩格式。其压缩率一般在50%左右，它不属于任何应用程序。几乎所有相关软件都支持它，公共领域有大量的软件在使用GIF图像文件。

GIF图像文件的数据是经过压缩的，而且是采用了可变长度等压缩算法。所以GIF图像深度从1位到8位，即GIF最多支持256种色彩的图像。GIF格式的另一个特点是其在一个GIF文件中可以存储多幅彩色图像，如果把存于一个文件中的多幅图像数据逐幅读出并显示到屏幕上，就可构成一种最简单的动画。

4. PNG（*.PNG）格式

便携式网络图形（PNG，portable network graphics）是网上接受的最新图像文件格式。PNG能够提供大小比GIF小30%的无损压缩图像文件。它同时提供24位和48位真彩色图像支持以及其他诸多技术性支持。由于PNG非常新，所以并不是所有程序都可以用它来存储图像文件，但Photoshop可以处理PNG图像文件，也可以用PNG图像文件格式存储。

5. PDF（*.PDF）格式

PDF格式是Adobe公司开发的比较灵活的、适用于不同平台和软件的一种文件格式，这种格式可以精确显示并保留字体、页面版面、矢量和位图图像，还可以支持电子文档搜索、超链接、导航等功能。

PDF可以支持RGB、CMYK、索引颜色、灰度颜色和位图等颜色模式，并支持通道、图层及JPG、ZIP等压缩格式和数据信息。因其具有良好的传输及文件信息保留功能，PDF格式成为无纸办公环境中首选的方便型文件格式。

6. TIF（*.TIF）格式

标签图像文件格式（TIFF，tag image file format）是由Aldus和Microsoft公司为桌上出版系统研制开发的一种较为通用的图像文件格式。TIF格式是一种与平台无关、与应用程序无关、与图像本身无关的图像文件格式。TIF可以在多个软件和平台间交互使用，支持RGB、CMYK、Lab、灰度颜色和位图等颜色模式，并且前三种颜色模式可以支持Alpha通道、路径和图层功能。应用范围广泛，具有非常强的兼容性。

7. PSD（*.PSD）格式

PSD（Photoshop document）是Photoshop图像处理软件的专用文件格式，文件扩展名是.psd，可以支持图层、通道、蒙版和不同色彩模式的各种图像特征，是一种非压缩的原始文件保存格式。扫描仪不能直接生成该种格式的文件。PSD文件有时容量会很大，但由于可以保留所有原始信息，在图像处理中对于尚未制作完成的图像，选用PSD格式保存是最佳的选择。

8. CDR格式

CDR格式是CorelDRAW软件的专用图形文件格式。由于CorelDRAW是矢量图形绘制软件，所以CDR可以记录文件的属性、位置和分页等。但它在兼容度上比较差，所有CorelDRAW应用程序中均能够使用，但其他图像编辑软件打不开此类文件。

1.5 图像处理基本工作流程

启动Photoshop CC后，就可以对图像进行处理了。

1.5.1 创建新图像文件

选择"文件"→"新建"命令，或按【Ctrl+N】组合键，弹出"新建"对话框，在其中可对新建文件做以下基本设置，如图1-10所示。

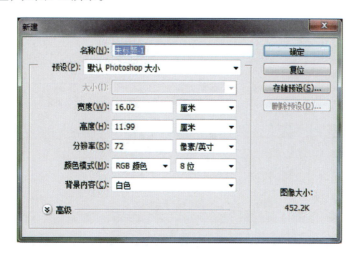

图1-10 "新建"对话框

对话框中各选项的含义如下：

（1）名称：可输入在Photoshop中新建文件的中、英文名称。

（2）预设：用于自定义或者选择其他固定格式文件的大小。

（3）宽度（W）和高度（H）：自定义图像的尺寸，可以根据需求选择不同单位制作新图像。

（4）分辨率：根据图像的最终用途和使用输出的环境设置不同的分辨率，有两种单位"像素/英寸"和"像素/厘米"可供选择。每英寸像素越高，图像文件越大，应根据工作需要，设定合适的分辨率。若图像通过网络在屏幕上显示，一般设置为72像素/英寸；若设计出来的图像用于印刷，则要设置为300像素/英寸。

（5）颜色模式：可以根据新建文档的不同需求选择不同的色彩模式。若图像是用来印刷的设计稿，则选择CMYK颜色模式；若是普通图像表现真实世界，则选择RGB颜色模式；若是单色图像，则选择灰度颜色模式。

（6）背景内容：作为新建图像的底色可分别选择为白色、背景色和透明色。

（7）颜色配置文件：用来设置新建文档的颜色配置。

（8）像素长宽比：设置新建文档的长与宽的比例。

1.5.2　存储图像文件

选择"文件"→"存储"命令，或按【Ctrl+S】组合键即可保存文件。当设计好的作品进行第一次存储时，将弹出"存储为"对话框，如图1-11所示。

图1-11　"存储为"对话框

对话框中各选项的含义如下：

（1）保存在：可以在下拉列表中选择存放文件的位置。若要新建文件夹，可直接单击右侧的"新建文件夹"按钮。

（2）文件名：可以为所修改和编辑的图像命名。

（3）格式：可选择图像的存储格式保存文件。Photoshop默认的图像文件格式是PSD，这种文件格式存储时可以保留原文件中的图层、样式等信息，是一种可以再编辑的图像文件格式。

（4）存储：用来设置存储文件时的一些特定参数。

（5）作为副本：将所编辑的文件存储为文件的副本，当前文件仍打开，不覆盖和影响原文件。

（6）Alpha通道：如果文件中有Alpha通道时，则将通道一起保存至文件中。

（7）图层：如果文件中有图层部分时，则将图层一起保存至文件中。

（8）注释：如果文件中有注释部分时，则将注释一起保存。

（9）专色：可以存储带有专色通道的文件。

选择"文件"→"存储为Web和设备所用格式"命令，可以通过各种设置，对图像进行优化，并保存为适合网络使用的HTML等格式。

1.5.3　打开和关闭文件

1."打开"命令

选择"文件"→"打开"命令，或按【Ctrl+O】组合键，弹出"打开"对话框，如图1-12所示。或者双击Photoshop的空白工作区，也可以打开此对话框。

对话框中各选项的含义如下：

（1）查找范围：可在下拉列表中选择要打开图像所在的文件夹，只要将所需图片选中，并单击"打开"按钮即可打开所需图片。

（2）文件名：从下拉列表中选择要打开的图像时，该图像的文件名和文件格式就会显示在文件名栏内。

（3）文件类型：为所要打开图像文件的格式，"所有格式"表示可以显示该目录下所有格式的文件。若选择一种如JPEG（*.JPG、*.JPEG、*.JPE），那么就只会显示所有该格式的文件。

图1-12　"打开"对话框

按住【Ctrl】键的同时单击，可以选择不连续的文件；按住【Shift】键的同时单击，可以选择连续的文件。

2."关闭"命令

（1）选择"文件"→"关闭"命令即可关闭图像文件。如果打开了多个图像窗口，想同时关闭，也可选择"文件"→"关闭全部"命令。

（2）单击图像工作窗口栏右侧的"关闭"按钮，即可关闭图像文件。

（3）按【Ctrl+F4】组合键或按【Ctrl+W】组合键可关闭图像。

1.5.4 颜色的设置

在Photoshop中可以使用工具箱、拾色器对话框、颜色控制面板、色板控制面板对图像进行颜色设置。

1. 设置前景色和背景色

前景色用来显示和选取当前绘图工具所使用的颜色，背景色用来显示和选取图像的底色，同时作为画布的底色，单击"默认前景色和背景色"按钮，可以将前景色和背景色恢复成系统默认的颜色。单击"交换前景色和背景色"按钮，可以切换当前前景色和背景色，即将当前前景色的颜色设置为背景色，当前背景色的颜色设置为前景色。工具箱中的色彩控制图标■可以用来设定前景色和背景色。单击前景色或背景色控制图标，弹出图1-13所示的"拾色器"对话框，可以在其中选取颜色。

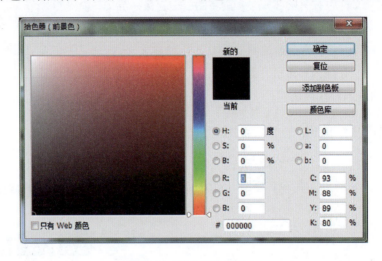

图1-13 "拾色器"对话框

"拾色器"对话框左侧的彩色方框为色域，用来选择颜色的明度和饱和度。移动光标在色域的某个位置单击，色域中的选取标志就会移动到相应位置，则表示选择的是当前位置的颜色。色域右侧的竖长条为颜色滑杆，拖动其两侧的小三角滑块可以调整颜色的不同色调，在颜色滑杆上单击可快速移动三角滑块。选择好颜色后，在对话框右侧上方的颜色框中会显示所选择的颜色，上半部分所显示的是当前所选的颜色，下半部分显示的是打开"拾色器"对话框之前选定的颜色。

"拾色器"对话框右侧下方是所选择四种颜色模式的值：按HSB（色相/饱和度/亮度）、RGB（红/绿/蓝）、Lab、CMYK（青色/洋红/黄色/黑色）四种颜色模式选择所需的颜色。有九个单选按钮，即HSB、RGB、Lab颜色模式的三原色按钮。当选中某单选按钮时，颜色滑杆就成为该颜色的控制器。如单击选中G（绿）单选按钮，颜色滑杆即变为绿色控制器，在滑杆上拖动小三角时，将只改变颜色G（绿）分量值，R（红）和B（蓝）分量值保持不变，然后在色域中选择决定R和B值。因此通过颜色滑杆再配合色域可以选择成千上万种颜色。也可以在数值框中输入所需颜色的数值得到希望的颜色，单击"确定"按钮，所选择的颜色将变为工具箱中的前景色或背景色。

2. "颜色"控制面板

"颜色"控制面板可以用来改变前景色和背景色。

选择"窗口"→"颜色"命令，弹出"颜色"控制面板，如图1-14所示。

在"颜色"控制面板中，单击左侧的设置前景色或设置背景色图标■来确定所调整的是前景色还是背景色。然后拖动三角滑块或在色带中选择所需的颜色，或直接输入数值调整颜色。

图1-14 "颜色"控制面板

1.5.5 填充颜色

填充颜色的方法有三种，分别是利用工具填充、利用菜单填充和利用快捷键填充。

1. 油漆桶工具

油漆桶工具可以用于在图像中填充颜色或图案，其属性栏如图1-15所示。

图1-15 "油漆桶工具"属性栏

"油漆桶工具"属性栏中各选项的含义如下：

（1）设置填充区域的源：用于设置向画面或选区中填充的内容，包括"前景"和"图案"。

（2）模式：用于设置填充后与下面图层混合产生的效果。

（3）容差：用于填充时设置填充色的范围，取值范围为0~255。在文本框中输入的数值越小，颜色范围就越接近；输入的数值越大，选取的颜色范围越广。

（4）连续的：用于设置填充时的连贯性。

（5）所有图层：勾选该复选框，可以将多图层的图像看作单层图像一样填充，不受图层限制。

如果在图层中填充图案又不想填充透明区域，只要在"图层"面板中锁定该图层的透明区域即可。

2. 渐变工具

"渐变工具"在填充颜色时，可以产生一种颜色到另一种颜色的变化，或由浅到深、由深到浅的变化，可以创建多种颜色间的逐渐混合。渐变工具可以分为线性渐变、径向渐变、角度渐变、对称渐变和菱形渐变五类。"渐变工具"属性栏如图1-16所示。

图1-16 "渐变工具"属性栏

"渐变工具"属性栏中主要选项的含义如下：

（1）渐变类型：用于设置填充渐变时的不同渐变类型，单击下拉按钮，打开"渐变拾色器"，可以选择拾色器中某种渐变类型，单击该渐变类型框，打开"渐变编辑器"对话框，如图1-17所示，在其中可以选择和编辑预设的渐变类型，并可利用"渐变编辑器"对话框创建新的渐变颜色。

（2）渐变样式：用于设置渐变颜色的形式，单击属性栏中的"渐变样式"按钮，从左至右依次是"线性渐变""径向渐变""角度渐变""对称渐变""菱形渐变"。

（3）模式：用来设置填充渐变色和图像之间的混合模式。

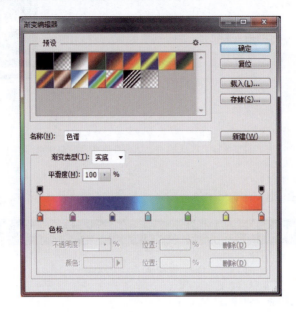

图1-17 "渐变编辑器"对话框

（4）不透明度：用来设置填充渐变颜色的透明度。数值越小，填充的渐变色越透明。

（5）反向：如果选择此复选框，则反转渐变色的先后顺序。

（6）仿色：如果选择此复选框，可以使渐变颜色之间的过渡更加柔和。

（7）透明区域：如果选择此复选框，则渐变色中的透明设置以透明蒙版形式显示。

使用"渐变工具"的操作方法是在图像中或者指定区域中单击设置起点，拖动鼠标到终点处松开鼠标，则在图像或者指定区域中填充了渐变色。

1.5.6 使用标尺、网格与参考线

当需要精确定位光标的位置和进行选择时就要使用标尺、参考线和网格等工具。

1. 标尺

标尺可以显示应用中的测量系统，帮助设计者确定窗口中的对象大小和位置。选择"编辑"→"首选项"→"单位和标尺"命令，切换到设置单位与标尺对话框，如图1-18所示。可以根据需要重新设置标尺的属性、标尺原点以及改变标尺的位置。反复按【Ctrl+R】组合键可显示或隐藏标尺。标尺会显示在窗口的上边和左边，标尺可以标记当前光标所在位置的坐标值。

2. 参考线

设置参考线可以使编辑图像的位置更精确。参考线是浮在整个图像上，不能被打印的直线，可以移动、删除或锁定参考线，可用于对象对齐和定位，可任意设置参考线位置，选择"视图"→"标尺"命令可显示标尺，然后移动光标至标尺上方，按下鼠标拖动至窗口，可建立一条参考线。水平标尺上获得的是水平参考线，垂直标尺上获得的是垂直参考线。按住【Alt】键不放，可以从水平标尺中拖动出垂直参考线，还可以从垂直参考线中拖动出水平参考线。

单元1　图像处理基础

图1-18　设置单位与标尺对话框

当前选择的工具为移动工具时，移动光标至参考线上方，光标显示为双向箭头时拖动鼠标即可移动参考线。选择"视图"→"锁定参考线"命令可锁定参考线，锁定后参考线不可以再被移动，可防止对参考线进行误操作。再次选择"视图"→"锁定参考线"命令，可取消锁定。选择"视图"→"显示"→"参考线"命令或按【Ctrl+；】组合键可以显示或隐藏参考线。选择"视图"→"清除参考线"命令可快速清除图像中所有参考线。若删除具体某根参考线只需要拖动该参考线至图像窗口外即可。

3．网格

网格是由显示在文件上的一系列相互交叉的虚线构成的，经常被用来协助绘制图像和对齐对象，默认状态下网格是不可见的。选择"视图"→"显示"→"网格"命令或按【Ctrl+'】组合键，即可在图像上显示或隐藏网格，如希望在移动物体时自动贴齐网格，或选取范围时自动贴齐网格，可选择"视图"→"对齐到"→"网格"命令，使"网格"命令前出现"√"标记即可。选择"编辑"→"首选项"→"参考线、网格和切片"命令，切换到设置参考线、网格和切片对话框，如图1-19所示。可以根据需要调整各项参数。

图1-19　设置参考线、网格和切片对话框

17

对于打印不出来的参考线、网格、选取边缘、切片、文本边界、文本基线、文本选取和诠释等辅助图像编辑信息，可以选择"视图"→"显示额外选项"命令在图像编辑窗口中显示。

1.5.7 图像编辑的基本操作

1. 图像的三种屏幕显示模式

在Photoshop CC中处理图像的同时可以对其屏幕显示模式进行转换，屏幕模式包括标准屏幕模式、带菜单的全屏幕显示模式和全屏幕显示模式，三种模式可通过按【F】键进行切换；如需更大的工作空间，则按【Tab】键可以显示或隐藏工具箱和各种面板，按【Esc】键可以返回标准屏幕模式。

（1）标准屏幕模式为系统默认的模式，在此模式下可以显示Photoshop中的所有组件，如菜单栏、工具栏、应用程序栏和控制面板等。

（2）带菜单的全屏幕显示模式不显示工作窗口名称，只显示带有菜单栏的全屏模式。图像窗口最大化显示，为图像的编辑操作提供了较大的空间。

（3）全屏幕显示模式不显示菜单栏和工具栏，可以十分清晰地查看图像的效果。

2. 缩放工具

工具箱中的"缩放工具"又称放大镜工具。选择"缩放工具"后，将光标移至工作窗口，单击图像可进行图像的缩放操作。同时也可以进行局部缩放，即用"缩放工具"移动光标到图像窗口后，在需要放大的局部区域拖动鼠标拉出一个虚线框，松开鼠标后，虚线框内的局部图像区域就被放大到整个图像窗口，双击"缩放工具"，可使图像以100%的比例显示。按【Ctrl++】组合键，可快速放大图像的显示比例；按【Ctrl+-】组合键，可快速缩小图像的显示比例。当正在使用工具箱中的其他工具时，按【Alt+Space】组合键，可以快速切换到缩小工具。

3. 调整图像的大小

调整图像的大小可选择"图像"→"图像大小"命令，或按【Alt+Ctrl+I】组合键，弹出"图像大小"对话框，如图1-20所示，在"图像大小"对话框中可以方便地看到图像的像素大小，以及图像的宽度和高度；"文档大小"选项组中包括图像的宽度、高度和分辨率等信息。

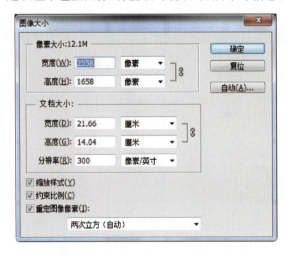

图1-20 "图像大小"对话框

"图像大小"对话框中各项参数的含义如下：

（1）像素大小：用于设置图像像素的大小，单位包括像素和百分比。更改像素尺寸不仅会影响图像的显示大小，还会影响图像品质、打印尺寸和分辨率。

（2）文档大小：设置图像的尺寸和打印分辨率，默认图像的高度和宽度是锁定在一起的，改变其中一个数值，另一个数值也会按比例改变。

（3）缩放样式：选中此复选框，在调整图像大小的同时可以按照比例缩放图层中存在的图层样式。

（4）约束比例：选中此复选框，在修改图像时，自动按照比例调整其宽度和高度，图像的原比例保持不变。

（5）重定图像像素：选中此复选框，进行图像修改时，系统会按原图像的像素颜色选择一定的内插值方式重新分配新的像素，在下拉菜单中可以选择内插值的方法，包括邻近、两次线性和两次立方。

4．调整画布的大小

画布大小的调整是指创作的工作区域的调整，图像创作的工作区域变大或者变小，图像本身的大小是不变的。选择"画布大小"命令可添加或移去当前图像周围的工作区（画布），还能够通过减小区域将图像裁切到合适的大小，添加的画布与背景的颜色或透明度相同。选择"图像"→"画布大小"命令，弹出"画布大小"对话框，如图1-21所示。

图1-21　"画布大小"对话框

"画布大小"对话框中各项参数含义如下：

（1）当前大小：显示为当前图像的大小。

（2）新建大小：用来确定新画布的大小。当输入的宽与高大于原画布时，就会在原图像的基础上增加画布区域；反之则会裁切掉原图像。

（3）相对：勾选该复选框，输入的宽度和高度的数值将不代表图像的大小，而表示图像增加或减少的区域大小。输入的数值为正值，表示要增加图像区域；反之，表示要减少图像区域。

（4）定位：用于确定画布大小更改后原图像在新画布中的位置。单击所需位置的正方形块，该区域则变为白色的正方块，将尺寸加大。

（5）画布扩展颜色：设置画布增大空间的颜色。系统默认为背景色，也可以选择前景色、白色、黑色或灰色为画面扩展区域颜色，或单击列表框右侧的色块拾取所需的颜色。

5. 图像的旋转

图像旋转是指图像以某一点为中心旋转一定的角度，形成一幅新的图像的过程。选择"图像"→"图像旋转"命令对图像进行旋转。在"任意角度"文本框中可输入任意数值，并可选择旋转方向为顺时针或逆时针。

6. 图像的裁剪和裁切

数码照相机拍摄的照片需要通过裁剪得到良好的构图和合适的大小。裁剪工具可以简单地完成这些任务。在图像上创建一个欲裁剪的选区，然后选择"图像"→"裁剪"命令，就可以对图像进行裁剪，如果创建的是不规则选区，执行裁剪命令后仍会被裁剪为矩形。用图像的裁切功能同样可以裁剪图像，裁切时，先要确定欲删除的像素区域，如透明色或边缘像素颜色，然后将图像中与该像素处于水平或垂直的像素的颜色与之比较，再将其进行裁切删除。

7. 操作的撤销与恢复

如果在编辑图像的过程中出现了误操作，可以选择"编辑"→"还原"命令或按【Ctrl+Z】组合键还原上一次对图像执行过的动作。还原命令执行最近的一次操作。选择"编辑"→"前进一步"命令或按【Shift+Ctrl+Z】组合键和选择"后退一步"命令或按【Alt+Ctrl+Z】组合键可以还原和重做多步操作。如果取消曾经编辑过的图像没有执行过"保存"操作的图像的编辑，要恢复到图像最初打开的状态，可选择"文件"→"恢复"命令或按【F12】键。打开"历史记录"面板可以进行多步恢复操作，如图1-22所示。

图像编辑过程中单击"历史记录"面板底部的"从当前状态创建文档"按钮，可以保存当前正在编辑的图像文件。创建的快照用来显示创建快照的效果，保存在面板中。

图1-22 "历史记录"面板

【案例1】转换图像文件格式

转换图像文件格式可以使用专门的图像文件格式转换软件，使用Photoshop CC时也可以用它直接转换图像文件格式。扫一扫二维码，可以观看实操演练过程。

视　频

【案例1】
转换图像文件
格式

操作步骤如下：

（1）启动Photoshop CC，选择"文件"→"打开"命令，或者按【Ctrl+O】组合键，打开BMP格式素材文件，效果如图1-23所示。

（2）选择"文件"→"存储为"命令，弹出"存储为"对话框，如图1-24所示。

（3）在"存储为"对话框的"格式"下拉列表框中选择文件存储格式类型为JPEG，如

图1-25所示,单击"确定"按钮,弹出"JPEG选项"对话框,如图1-26所示。

图1-23　BMP格式素材图片

图1-24　"存储为"对话框

图1-25　选择存储格式类型为JPEG

图1-26　"JPEG选项"对话框

（4）单击"确定"按钮，文件的BMP格式就转换成为JPEG格式了。最终效果如图1-27所示。

图1-27　最终效果图

【案例2】改变图像大小操作

改变图像大小、分辨率操作实例，扫一扫二维码，可以观看实操演练过程。

操作步骤如下：

（1）启动Photoshop CC，选择"文件"→"新建"命令，或者按【Ctrl+N】组合键，打开改变图像大小素材原始图像文件，如图1-28所示。

（2）选择"图像"→"图像大小"命令，弹出"图像大小"对话框。设置图像大小：宽度为540像素，高度为960像素，如图1-29所示。

（3）取消选择"约束比例"复选框，如图1-30所示。

（4）调整图像大小：宽度为300像素，高度为500像素，如图1-31所示。

（5）单击"确定"按钮，得到的最终效果如图1-32所示。

单元1 图像处理基础

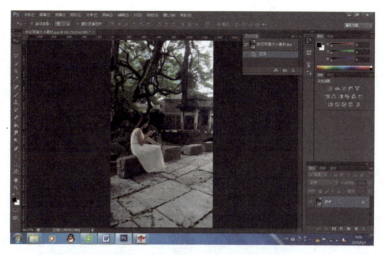

图1-28 改变图像大小素材原始图像

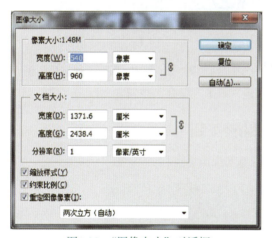

图1-29 "图像大小"对话框

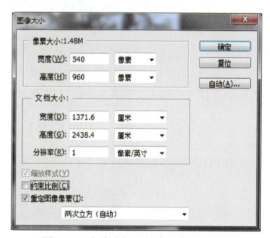

图1-30 取消选择"约束比例"复选框

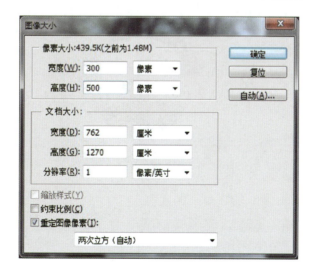

图1-31 调整图像大小

23

图1-32 调整大小后的效果图

（6）选择"文件"→"存储为"命令或者按【Shift+Ctrl+S】组合键，弹出"存储为"对话框，选择指定的文件夹，输入文件名为"改变图像大小最终效果"，单击"保存"按钮。

【案例3】制作"圆形按钮"

制作图1-33所示的圆形按钮，扫一扫二维码，可以观看实操演练过程。

●视 频

【案例3】
制作"圆形
按钮"

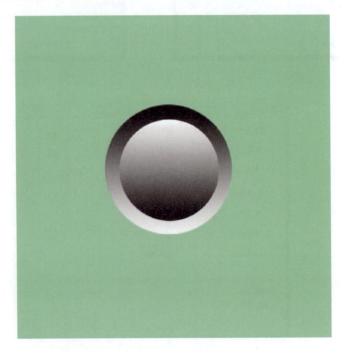

图1-33 "圆形按钮"效果图

单元1 图像处理基础

操作步骤如下：

（1）启动Photoshop CC，选择"文件"→"新建"命令，或者按【Ctrl+N】组合键，弹出"新建"对话框，设置图像宽度为500像素，高度为500像素，分辨率为72像素/英寸，模式为"RGB颜色"，背景内容为"背景色"，单击工具箱中的"设置背景色"按钮，把背景设置为淡绿色（R：91，G：240，B：152），如图1-34所示，单击"确定"和"创建"按钮后文档效果如图1-35所示。

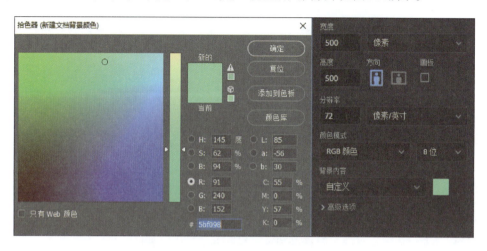

图1-34　新建文件

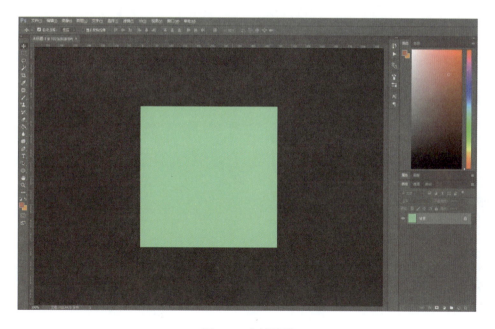

图1-35　文档效果

（2）在"图层"面板中单击"创建新图层"按钮，新建"图层1"，使用"椭圆选框工具"，按住【Shift+Alt】组合键，在新建图层中画一个"圆选区"，效果如图1-36所示；按【D】键，把前景色/背景色设置为系统默认颜色。

25

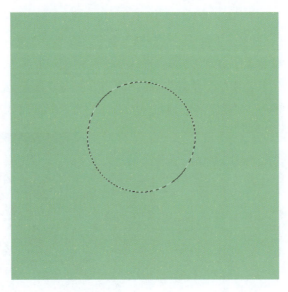

图1-36　画一个圆选区

（3）选择"渐变工具"，在"渐变工具"属性栏中选择"线性渐变"模式，单击"点按可打开'渐变'拾色器"下拉按钮，选择"前景色到背景色渐变"选项，如图1-37所示，单击"确定"按钮，然后用鼠标由上到下拖动渐变，给"圆选区"填充渐变颜色，效果如图1-38所示。

图1-37　前景色到背景色的渐变设置

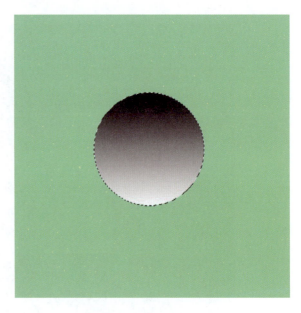

图1-38　填充渐变颜色

（4）在"图层"面板中单击"创建新图层"按钮，新建"图层2"（不要取消"圆选区"），选择"选择"→"变换选区"命令，按住【Shift+Alt】组合键，同时用鼠标从右上角向左下角拖动"圆选区"，将"圆选区"等比缩小到合适大小后松开鼠标，如图1-39所示，单击"确定"按钮，效果如图1-40所示。

图1-39 缩小"圆选区"

图1-40 等比缩小"圆选区"

（5）再次单击工具箱中的"渐变工具"，在"渐变工具"属性栏中选择"线性渐变"模式，然后在选区内，用鼠标由下向上进行拖动渐变，然后选择"选择"→"取消选择"命令或者按【Ctrl+D】组合键取消选区，"圆形按钮"效果见图1-33。

（6）选择"文件"→"存储为"命令或者按【Shift+Ctrl+S】组合键，打开"存储为"对话框，选择指定的文件夹，输入文件名为"圆形按钮"，单击"保存"按钮。

▶ 讨 论

1. 校园文化景观一瞥，你最喜欢哪个景观？
2. 局部祛痘使用什么工具？
3. 图章工具按什么键可重新取样？

▶ 课后动手实践

1. 制作"圆形按钮"或"方形按钮"。
2. 修改与旋转画布。

单元 2

选区的使用

知识目标：

了解选区的概念和基本选区工具，掌握使用各种选区工具创建规则选区和不规则选区，以及对选区的基本操作、编辑方法，完成项目实训。

能力目标：

能通过选择合适的选区工具创建选区。

素质目标：

培养学生良好的心理素质，在面对复杂选区处理任务时，能够保持冷静、自信，有效地管理自己的情绪和压力。

选区是Photoshop CC中很重要的部分。Photoshop CC提供的选择区域工具用来选取图像中需要进行处理的区域，这些区域称为选区，选区可以由选取工具、路径、通道等创建。Photoshop中大部分选区是使用选取工具创建的。Photoshop提供了多种方法建立选区，矩形选框工具、套索工具、魔棒工具都可用于建立选区。它们是用拖动鼠标的方式选取的，也可以使用钢笔工具、磁性笔工具等建立精确的外框形态来圈选出一个区域，还可以用魔术棒与色彩范围命令以图像色彩分布为基础分隔出选取区域。选择工具分为三类：规则选区工具、不规则选区工具以及特殊选区工具。如果需要设置规则选区，则使用选框工具组下的工具；如果需要设置不规则的选区，则使用套索工具或者特殊选区工具，如使用"快速选择工具"和"魔棒工具"等。在图像中创建选区后，选区的四周是由流动的虚线框起来的，图像被编辑的范围将会局限在选区内，而选区外的像素将会处于被保护状态，不能被编辑。选择相应的选择工具实施了选择操作后，在选择工具属性栏中会出现"增加选区""从选区中减去""建立相交选区"等按钮，可以方便地完成选区的各种"加"或"减"运算。

2.1 创建规则选区

2.1.1 选框工具组

Photoshop CC中用来创建规则选区的工具被集中在选框工具组中，当需要选择的像素是规则矩形或者圆形时，可使用"矩形选框工具"和"椭圆选框工具"选择；当需要选择高度或者宽度为1像素的选区时，可以使用"单行选框工具"和"单列选框工具"选择。如果工具箱中的某一工具图标右下角有一个向下的小三角形，说明这是一个工具组。在此工具图标上按住鼠标左键不放，就会弹出工具组菜单以供选择，如果在绘制矩形选区时按住【Shift】键，则可以绘制正方形选区；如果在绘制选区时按住【Alt】键，则可以光标所处的位置为中心点开始绘制选区，如果要取消选区，可以按【Ctrl+D】组合键；如果想要让选区发生偏移，可以通过键盘上的方向键进行微调。图2-1所示为选框工具组，图2-2所示为"选框工具"属性栏。

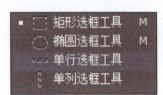

图2-1　选框工具组

图2-2　"选框工具"属性栏

1. 矩形选框工具

矩形选框工具用以创建规则选区，使用此工具在图像中单击并拖动鼠标即可创建矩形选区。在工具箱中选中"矩形选框工具"，在工作窗口的上部将显示"矩形选框工具"属性栏；使用矩形选框工具，按住鼠标左键并拖动鼠标，可以方便地在图像中制作出长、宽随意的矩形选区。快捷键为【M】或【Shift+M】。如果拖动鼠标时按住【Shift】键，则可以创建正方形选区。"矩形选框工具"属性栏如图2-3所示。

图2-3　"矩形选框工具"属性栏

该属性栏分为三部分：选择方式、羽化、样式，这三部分将分别提供对"矩形选框工具"各种不同参数的控制。如果这时屏幕没有相应的显示，选择"窗口"→"显示选项"命令调出工具属性栏即可。

2. 椭圆选框工具

使用"椭圆选框工具"可以在图像中制作出半径随意的椭圆形选区。它的使用方法和工具属性栏的设置与"矩形选框工具"大致相同。按下鼠标后，在按住【Shift】键的同时拖动可将选框限制为圆形，完成操作时要先松开鼠标按键再松开【Shift】键。

3. 单行选框工具和单列选框工具

这两个工具的作用是选取图像中1像素高的横条或1像素宽的竖条，使用时只需要在创建的地方点按鼠标即可。

2.1.2 选框工具属性栏中的运算

选框工具除了可以绘制各种基本形状的选区外，还可以结合属性栏中的运算按钮进行选区的合并、相减与相交运算。

1．新选区按钮

默认状态下此按钮处于激活状态，此时在图像中依次绘制选区，图像中将始终保留最后一次绘制的选区。

2．添加到选区按钮

激活此按钮后，在图像中依次绘制选区，可将多次绘制的选区合并为一个选区。

3．从选区减去按钮

激活此按钮后，当新创建的选区与原选区相交时，则合成的区域会删除相交的区域。如果新创建的选区与原选区不相交时，则不能绘制出新选区。

4．与选区交叉按钮

激活此按钮后，在图像中依次绘制选区，使图像中的选区自动形成交集，如果选区相交，则合成的选区会只留下相交的部分。如果新创建的选区与原选区不相交时，将弹出警告对话框，提示用户未选择任何像素。

5．羽化设置

设置选择区域边框的羽化程度，该数值设置越大，选区的边缘越模糊，则羽化效果就越明显，可以使选区在选择图像或填充颜色后得到边缘虚化的效果。

6．消除锯齿

"消除锯齿"复选框仅在选择椭圆选框工具时可以使用，选中该复选框可以消除选区的锯齿边缘，使图像边缘和背景之间产生平滑的颜色过渡。

7．样式设置

用来设置当前选择框的选择方式。共有三种方式，执行"正常"方式，创建选择区域时没有限制，可以是任意高宽比例的区域。执行"固定比例"方式，可以根据事先固定好的高宽比例创建选区。执行"固定大小"方式，只能按事先设置好的高度和宽度创建选区。

8．宽度和高度设置

此参数的设置是根据所选择的样式而定的。当执行"正常"方式时，其为灰色显示，不起作用；当执行"约束长宽比"方式时，可以在其中设置长和宽的比例系数；当执行"固定大小"方式时，可以直接在其中输入长和宽的大小，单位为px（像素）。

9．调整边缘设置

单击此按钮后将弹出"调整边缘"对话框，如图2-4所示，通过设置选项参数，可以创建精确的选区边缘，从而更快、更准确地从背景中抽出需要的图像。设置面板有四个大的区块：视图模式、边缘检测、调整边缘、输出。通过这些设置，可以更为灵活地提取图片局部或整体中想要的细节。其中部分选项的含义如下：

图2-4 "调整边缘"对话框

（1）"半径"：该选项根据图像的明暗，对选区的边缘进行柔化。值越大，边缘越模糊。

（2）"平滑"：该选项可以消除选区的锯齿现象。值越大，选区的边缘越柔和。

（3）"对比度"：该选项设置选区边缘的对比度，值越大，选区的边缘越清晰。

（4）"羽化"：该选项可以使选区的边缘模糊。设置其他选项为0，然后设置"羽化"选项，值越大，选区的边缘越模糊。

2.2 创建不规则选区

在图像处理中，除了设置规则的选区外，有时还需要设置一些不规则的自由选区，这时使用套索工具组中的工具就显得较为方便。

2.2.1 套索工具的使用方法

套索工具组主要包括"套索工具""多边形套索工具""磁性套索工具"，使用它们可以比较方便地选取不规则形状的选择范围。"套索工具"的使用就相当于使用铅笔在图像上绘制一个封闭的区域。在图像某处单击设置起点后，按住鼠标左键不放并拖动鼠标绘制选区，直到选区设置完成松开鼠标即可。使用"套索工具"绘制的选区必须是闭合的，如果释放鼠标时鼠标拖动路径的起点和终点不重合，则系统将自动用直线段连接起点和终点强行构成封闭选区。此外，在选区没有封闭之前，如果按住【Delete】键不放，可以使曲线变直，以便对选区边界进行微调；如果在释放鼠标前按【Esc】键，则可以取消该选区。

2.2.2 多边形套索工具

"多边形套索工具" ![icon] 可以绘制由直线连接形成的不规则的多边形选区。此工具和"套索工具"的不同之处是可以通过确定连续的点来确定选区。具体操作方法是单击工具箱中的"多边形套索工具"。此时在编辑窗口上方显示其工具属性栏，各参数的作用同"套索工具"。在图像上单击确定起始点后释放鼠标，然后在需要转折的地方再单击并释放，如此重复确定其他转折点，最后将光标移到起始点附近，这时鼠标指针下方出现一个小圆圈，单击则可以形成一个封闭的选择区域。使用"多边形套索工具"时，如果按住【Shift】键，多边形区域的边界线段将会按照45°整数倍方向绘制。按【Delete】键，可以逐步撤销已经绘制的选区转折点；双击可以闭合选区。

2.2.3 磁性套索工具

使用"磁性套索工具"绘制的选区并不是完全按照鼠标所点到的位置形成的，而是在一定范围内寻找一个色阶最大的边界，然后像磁铁一样吸附到图像上去。在起点处单击，并沿着待选图像区域边缘拖动，回到起点附近当鼠标指针下方出现一个小圆圈时，单击或者按【Enter】键即可形成封闭区域。此工具适合于在图像中选取出不规则的且边缘与背景颜色反差较大的像素区域。

Photoshop CC "磁性套索工具"属性栏如图2-5所示。

图2-5 "磁性套索工具"属性栏

"磁性套索工具"属性栏中部分选项的含义如下：

（1）羽化：此选项用于设置Photoshop CC选区的羽化属性。羽化选区可以模糊选区边缘的像素，产生过渡效果。羽化宽度越大，则选区的边缘越模糊，选区的直角部分也将变得圆滑，这种模糊会使选定范围边缘上的一些细节丢失。在羽化后面的文本框中可以输入羽化数值设置选区的羽化功能（取值范围是0~250 px）。

（2）消除锯齿：勾选此复选框后，选区边缘的锯齿将消除。

（3）宽度：此选项用于设定系统检测范围。值越大，系统可以寻找的范围也越大，但是可能会导致边缘不准确，取值范围为1~40 px。

（4）对比度：此选项用于设置系统检测边缘的精度，值越大，该工具所能识别的边界对比度也就越大，此值的取值范围为0~100。

（5）频率：此选项用于设定创建关键点的频率（速度），值设置越大，系统创建关键点的速度越快，此参数设置范围为0~100。

2.2.4 智能化的选取工具

对于轮廓分明、背景颜色单一的图像来说，利用智能化的选取工具来选择图像，是非常方便的方法。

Photoshop图像处理案例教程（第二版）

1. 快速选择工具

"快速选择工具"可以选择图像面积较大的单一颜色的区域，使用方法很简单，选中该工具后，用鼠标指针在图像中拖动就可将鼠标经过的区域及其相近的区域生成一个选区，使用"快速选择工具"创建选区时，按住【Shift】键可以自动完成"添加到选区"功能；按住【Alt】键可以自动完成"从选区中减去"功能，如图2-6所示。

图2-6 "快速选择工具"的操作示意图

"快速选择工具"属性栏中显示该工具的一些选项设置，如图2-7所示。

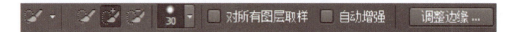

图2-7 "快速选择工具"属性栏

"快速选择工具"属性栏中各选项的含义如下：

（1）选区模式：用来对选区方式进行设置，包括"新选区""添加到选区""从选区中减去"。新选区：选择该选项可对图像选取选区，松开鼠标后会自动转换成"添加到选区"的功能。再选择该选项时，可以创建另一个新选区或使用鼠标移动选区。添加到选区：选择该选项时，可以在图像中创建多个选区。当选区相交时，可以将两个选区合并。从选区中减去：选择该选项时，拖动鼠标时鼠标所经过的区域将会减去选区。

（2）画笔：用来设置创建选区的笔触、直径、硬度和间距等参数。

（3）对所有图层取样：勾选该复选框，绘制选区的操作将应用到所有可见图层中。

（4）自动增强：勾选该复选框，添加的选区边缘将减少锯齿的粗糙程序，而且，能自动将选区向图像边缘进一步扩展、调整。

2. 魔棒工具

"魔棒工具"主要用于选择图像中面积较大的单色或相近颜色的区域。选择工具箱中的"魔棒工具"，然后在图像中需要选择的颜色上单击，Photoshop会自动选取与该色彩类似的颜色区域，此时图像中所有包含该颜色的区域将同时被选中。"魔棒工具"属性栏如图2-8所示。

图2-8 "魔棒工具"属性栏

"魔棒工具"属性栏中各选项的作用如下：

（1）容差：用于决定创建选区的范围大小。数值越大，颜色容许的范围越大，则选择的范围越广；反之，选择的范围越小。

（2）消除锯齿：勾选该复选框可以消除选区边界像素的锯齿，将使边缘变得更为平滑。

（3）连续：勾选该复选框后，选择范围只能是颜色相近的连续区域；不勾选该复选框，选取的范围可以是颜色相近的所有区域。

（4）对所有图层取样：如果勾选该复选框，则可以选取所有图层中相同范围的颜色像素；不勾选该复选框，只能在当前工作的图层中选取颜色区域。

3. 色彩范围创建选区

使用"色彩范围"命令可以根据图像中指定的颜色创建图像的选区，其功能与"魔棒工具"类似。选择"选择"→"色彩范围"命令，弹出"色彩范围"对话框，如图2-9所示。

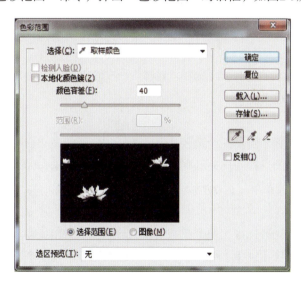

图2-9 "色彩范围"对话框

"色彩范围"对话框中各选项的含义如下：

（1）选择：用来设置创建选区的方式。在下拉列表中可以选择"取样颜色""红色""黄色""高光""阴影"等选项。

（2）颜色容差：用来设置被选颜色的范围。数值越大，选取相同像素的颜色范围就越广。

（3）"选择范围"与"图像"单选按钮：用来设置预览框中显示的是选择区域还是图像。

（4）选区预览：用来设置在预览图像时创建选区的方式，选项包括"无""灰度""黑色杂边""白色杂边""快速蒙版"等。

2.3 选区的调整

创建好的选区可以进行移动、反转、变换、填充、描边、修改和羽化等操作。对选区的内容也可以进行复制、剪切、移动和粘贴等操作。

1. 移动选区

移动选区的常用方法有如下两种：

（1）使用鼠标移动选区：制好了一个选区后，将鼠标置于选区内时鼠标指针的右下方出现一个小方框图标，用该指针拖动选择区域边框线，即可移动选择区域。

（2）使用键盘移动选区：使用【Shift】+方向快捷键，可以将选区沿各个方向移动10像素增量。

2. 反向选区

反向选区是将原先没有被选择的区域变为选区，而已经选取的区域变为不选取。操作方法是先选择某一区域，再选择"选择"→"反向"命令（快捷键为【Shift+Ctrl+I】），图像中刚才被选中区域以外的部分被选中。

3. 取消选区

创建选区后选择"选择"→"取消执行"命令（快捷键为【Ctrl+D】），图像中刚才被选中区域被取消选择。

4. 再次选择刚刚选取的选区

如果要载入最近一次载入的选区，可选择"选择"→"重新执行"命令（快捷键为【Ctrl+Shift+D】）。

5. 变换选区

变换选区的方法是在图像上绘制一个选区，然后选择"选择"→"变换选区"命令，此时图像上的选框四周显示有调节点，在图像上右击，弹出图2-10所示的变换选区快捷菜单，选择所需要的变形命令变换选区。

6. 增加选区

在处理图像时，常常要选择图像上两个或两个以上的选区，操作步骤是在绘制好一个选区后，按住【Shift】键，当鼠标指针的右下方出现一个+号时再绘制其他需要增加的选区；当然也可以单击选区工具属性栏中的"添加到选区"按钮，再绘制需要增加的选区，这样就可以将多次绘制的选区合为一体。如果绘制的几个选区有重叠的区域，则重叠部分被合并，最后选中的区域将是这几个区域的并集区域。

7. 减少选区

减少选区是在绘制好一个选区后，按住【Alt】键不动，再画出一个选区，确保第二个选区与第一个选区相交部分就是要去掉的部分即可。如果要选择两个选区相交的那部分选区，可以按住【Shift+Alt】组合键，当鼠标指针的右下方出现一个×号时再绘制另一个选区；也可以单击工具属性栏中的"与选区交叉"按钮再绘制另一个选区，这样

图2-10 变换选区快捷菜单

就将两个选区重叠的部分作为新的选区。

8．修改选区

（1）边界命令：设置好一个选区后，选择"选择"→"修改"→"边界"命令，弹出"边界选区"对话框，设置需要扩展的像素宽度，单击"确定"按钮确认。

（2）平滑命令：平滑命令通过增加或减少选区边缘的像素来平滑边缘。绘制好选区后，选择"选择"→"修改"→"平滑"命令，弹出"平滑选区"对话框，设置取样半径的大小，单击"确定"按钮即可。

（3）扩展：使用扩展命令可以使原选区的边缘向外扩展，并平滑边缘。绘制好选区后，选择"选择"→"修改"→"扩展"命令，弹出"扩展选区"对话框，设置扩展宽度的大小，单击"确定"按钮即可。图2-11所示为将左边图像的选区向外扩展20像素后得到的右边图像的选区。

图2-11　扩展选区图

（4）收缩：使用收缩命令可以将原选区向内收缩。操作步骤是绘制好选区后，选择"选择"→"修改"→"收缩"命令，弹出"收缩选区"对话框，设置收缩宽度的大小值。

9．羽化选区

羽化选区命令可以使图像产生柔和的效果。在图像上建立选区，选择"选择"→"修改"→"羽化"命令，弹出"羽化选区"对话框，设置羽化的像素值，数值越大，柔和效果越明显。

10．选区描边

在图像上设置一个选区，然后选择"编辑"→"描边"命令，弹出"描边"对话框，如图2-12所示，设置描边的属性参数，各项参数的用途如下：

（1）宽度：设置选区描边笔触的宽度。

（2）颜色：设置描边笔触的颜色。如果单击该对话框中的颜色框，在弹出的"拾色器"中拾取想要的颜色。

（3）位置：设置描边笔触与选区边缘线的位置关系。

（4）模式：设置描边笔触颜色和背景颜色的混合模式。

（5）不透明度：设置描边笔触的不透明度，该值越小越透明。

例如，打开图2-11右图，创建选区。如图2-12所示设置好描边参数，单击"确定"按钮后，就会出现图2-13所示的选区描边效果。

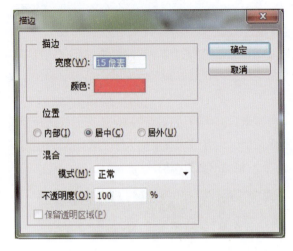

图2-12 "描边"对话框　　　　　　　　图2-13 选区描边效果图

11．存储与载入选区

对一些不规则的选区，选择"选择"→"存储选区"命令可以将这些选区存储。如果要调用已经存储过的选区，则选择"选择"→"载入选区"命令，在弹出的"载入选区"对话框中选择所需选区，单击"确定"按钮。

12．复制、剪切、移动和粘贴选区的内容

在图像中创建选区后，可以根据应用的需求，将选区内的图像内容复制或者移动到不同的图层甚至不同的文件中。可以选择"编辑"菜单中的复制、剪切、移动和粘贴选区内容的命令完成相应操作。

【案例4】"立体圆球"效果

制作图2-14所示的立体圆球效果。扫一扫二维码，可观看实操演练过程。

操作步骤如下：

（1）启动Photoshop CC，选择"文件"→"新建"命令，或者按【Ctrl+N】组合键，在"新建"对话框中设定图像"宽度"为500像素，"高度"为500像素，"分辨率"为72像素/英寸，模式为"RGB颜色"，输入图像的名称为"圆球"，背景内容为"白色"，如图2-15所示，单击"创建"按钮。

（2）单击"图层"面板中的"创建新图层"按钮，新图层命名为"图层1"；在工具箱中选择"椭圆选框工具"，先按住【Shift】键，在画面中绘制一个圆选区（然后松开鼠标左键，最后松开【Shift】键），如图2-16所示。

（3）按【D】键设置默认前景色为黑色，背景色为白色，选择工具箱中的"渐变工具"，在渐变工具属性栏中单击渐变设置按钮，选择"从前景色到背景色渐变"效果，在渐变颜色"点按可添加色标"

增加两个色标后，更改色标颜色，如图2-17所示，单击"确定"按钮。

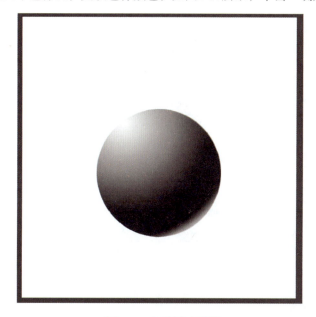

图2-14 立体圆球效果

图2-15 新建文件

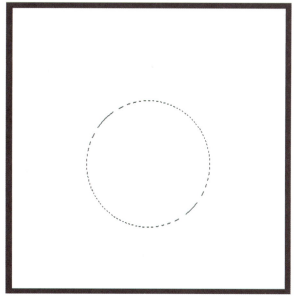

图2-16 绘制圆选区

（4）单击工具属性栏中的"径向渐变"按钮，在图像选区的左上方至右下方拉出渐变色，效果如图2-18所示。

（5）按【Ctrl+D】组合键或选择"选择"→"取消选择"命令将选区取消，制作完成，效果见图2-14。

图2-17 "渐变编辑器"对话框

图2-18 填充渐变效果

（6）选择"文件"→"存储为"命令或者按【Shift+Ctrl+S】组合键，弹出"存储为"对话框，选择指定的文件夹，输入文件名为"立体圆球"，单击"保存"按钮。

【案例5】绘制一个太极图图标

制作图2-19所示的太极图图标。扫一扫二维码，可观看实操演练过程。

视 频

【案例5】
绘制一个太极
图图标

操作步骤如下：

（1）启动Photoshop CC，选择"文件"→"新建"命令，弹出"新建"对话框。输入新建图像的宽和高，背景内容选择"透明"，如图2-20所示，然后单击"确定"按钮。

图2-19 太极图

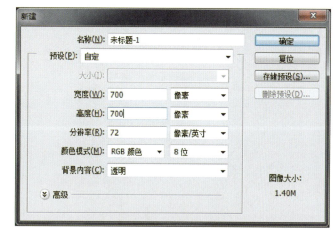

图2-20 "新建"对话框

（2）选择"视图"→"标尺"命令，打开标尺。右击标尺，在弹出的快捷菜单中选择"像素"命令，设置以像素为单位显示尺度。选择"视图"→"新建参考线"命令，弹出"新建参考线"对话框，如图2-21所示，位置输入50像素。分别建立水平、垂直参考线。

（3）用同样的方法选择在200、350、500、650像素处分别建立水平、垂直参考线。

（4）以水平、垂直参考线均为350像素的交叉点为圆心，使用椭圆选框工具，按住【Shift + Alt】组合键，绘制一个半径为300像素的圆选区，如图2-22所示。

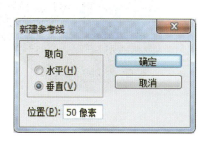

图2-21 "新建参考线"对话框

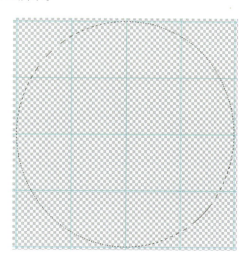

图2-22 建立圆选区示意图

（5）使用矩形选框工具，按住【Alt】键，将圆形选区减去左边半圆，只留下右边半圆，如图2-23所示。

(6) 在工具属性栏中单击"从选区减去"按钮,减去以水平参考线为200像素、垂直参考线为350像素的交叉点为圆心,半径为150像素的圆选区,如图2-24所示。

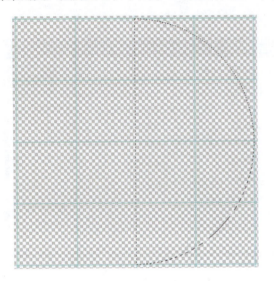

图2-23　半圆选区示意图　　　　　　　图2-24　减去小圆选区示意图

(7) 在工具属性栏中单击"添加到选区"按钮,添加以水平参考线为500像素、垂直参考线为350像素的交叉点为圆心,半径为150像素的圆选区,得到的新选区如图2-25所示。

(8) 使用油漆桶工具在图2-25所示选区中填充黑色,如图2-26所示。

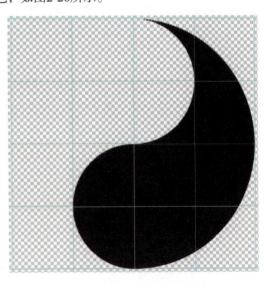

图2-25　添加小圆选区示意图　　　　　　图2-26　填充效果示意图

(9) 选择"编辑"→"拷贝"命令,将上述图形进行拷贝。

(10) 选择"图层"→"新建"→"图层"命令,弹出"新建图层"对话框,如图2-27所示,单击"确定"按钮。

(11) 在"图层"面板中选择图层2,如图2-28所示。

单元2 选区的使用

图2-27 "新建图层"对话框

图2-28 图层面板示意图

（12）选择"编辑"→"粘贴"命令，将上述图形进行粘贴。

（13）选择"选择"→"重新选择"命令，然后选择"选择"→"编辑"→"旋转180度"命令，效果如图2-29所示。

（14）使用油漆桶工具将选区填充为白色，并使用移动工具将其移到适当的位置，如图2-30所示。

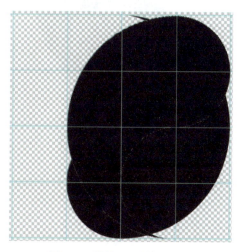

图2-29 旋转180度效果图

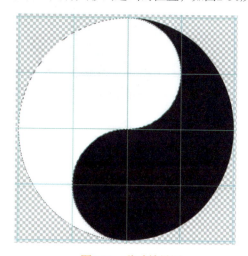

图2-30 移动效果图

（15）选择"编辑"→"描边"命令，弹出"描边"对话框，颜色设为黑色，如图2-31所示。

（16）选择"选择"→"取消选择"命令，然后新建图层3，如图2-32所示。

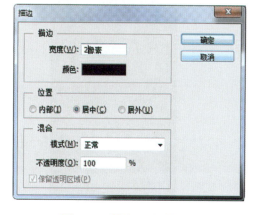

图2-31 "描边"对话框

图2-32 图层面板示意图

43

(17)以水平参考线为200像素、垂直参考线为350像素的交叉点为圆心,使用椭圆选框工具,绘制一个半径为50像素的圆选区,并填充黑色,如图2-33所示。

(18)以水平参考线为500像素、垂直参考线为350像素的交叉点为圆心,使用椭圆选框工具,绘制一个半径为50像素的圆选区,并填充白色,如图2-34所示。

(19)选择"视图"→"清除参考线"命令,选择"文件"→"存储"命令保存太极图,最终效果见图2-19。

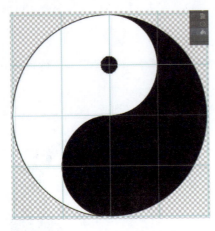
图2-33 添加黑色小圆效果

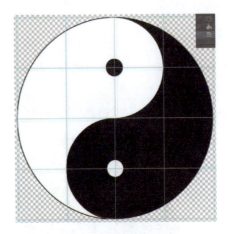
图2-34 添加白色小圆效果

● 视 频 ●
【案例6】
绘制"简易
蘑菇"

【案例6】绘制"简易蘑菇"

制作图2-35所示的"简易蘑菇"效果,扫一扫二维码,可以观看实操演练过程。

操作步骤如下:

(1)选择"文件"→"新建"命令,或者按【Ctrl+N】组合键,弹出"新建"对话框,设定图像宽度为500像素,高度为600像素,分辨率为72像素/英寸,模式为"RGB颜色",背景内容为"白色",如图2-36所示,单击"创建"按钮,效果如图2-37所示。

图2-35 简易蘑菇最终效果

图2-36 "新建"对话框

单元2　选区的使用

图2-37　新建文件

（2）在工具箱中选择"椭圆选框工具"，在工具属性栏中将"羽化"设置为0像素。在刚新建的"文件"中按住鼠标左键，然后拖动到合适的位置。绘制一个椭圆选区，如图2-38所示。

（3）设置"前景色"为淡绿色，用"油漆桶工具"或者按住【Alt+Delete】组合键为椭圆选区填充自己喜欢的颜色，如图2-39所示。

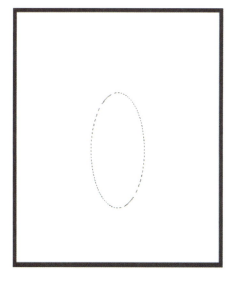
图2-38　绘制椭圆

图2-39　给选区填充颜色

（4）绘制一个新的"圆选区"，如图2-40所示。

（5）在工具箱中选择"矩形选框工具"，在工具属性栏中选择"从选区减去"选项，然后在刚新建的"椭圆选区"下方位置按住鼠标左键拖动，在原有选区中减去与新的选择区域相交的部分，形成最终的半圆形，如图2-41所示。

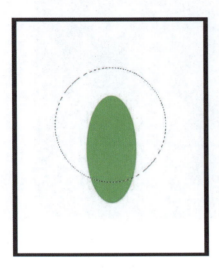

图2-40　绘制椭圆　　　　　　　　　　　　　图2-41　减去选区后的效果

（6）设置"前景色"为橙色（也可以是自己喜欢的其他颜色），用"油漆桶工具"或者按住【Alt+Delete】组合键为半圆选区填充颜色，如图2-42所示。

（7）选择"选择"→"取消选择"命令或者按【Ctrl+D】组合键取消选区，在工具箱中选择"椭圆选框工具"，在工具属性栏中选择"添加到选区"选项，然后在"半圆图形"中绘制大小不等的多个椭圆，如图2-43所示。

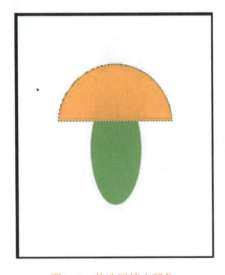

图2-42　给选区填充颜色　　　　　　　　　　图2-43　绘制多个大小不等的椭圆

（8）设置"前景色"为白色，用"油漆桶工具"或者按住【Alt+Delete】组合键为椭圆选区填充颜色，如图2-44所示。

单元2 选区的使用

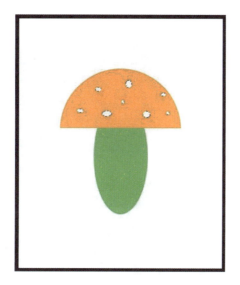

图2-44 给选区填充颜色

（9）选择"选择"→"取消选择"命令或者按【Ctrl+D】组合键取消选区，最终效果见图2-35。

【案例7】枯木逢春合成效果

制作图2-45所示的合成图像效果。扫一扫二维码，可观看实操演练过程。

图2-45 枯木逢春合成效果

视 频

【案例7】
枯木逢春合成
效果

操作步骤如下：

（1）选择"文件"→"打开"命令，弹出"打开"对话框，按住【Ctrl】键的同时选中"枯

47

木""嫩叶""沙漠"三个素材文件,单击"打开"按钮,如图2-46所示。

图2-46　打开三个素材文件

(2)将"枯木"文件作为当前编辑图像,在工具箱中选择"魔棒工具",设置"容差"为"26",点选图中的绿草,再选择"选择"→"选取相似"命令,选中图中所有绿色的区域,然后选择"选择"→"反选"命令,如图2-47所示。

图2-47　反选

(3)选择"编辑"→"复制"命令,单击"沙漠"文件,将其作为当前编辑图像,按【Ctrl+V】组合键粘贴,形成一个新图层,并命名为"图层1",将图层1移动到图中适宜的位置,如图2-48所示。

(4)将"图层1"作为当前编辑图层,选择"编辑"→"变换"命令调整树根的大小,有一些不需要的部分可以用"套索工具"选择或者"橡皮擦工具"进行删除,使用"裁剪工具"对该图像进行裁剪,处理后效果如图2-49所示。

图2-48 "粘贴"效果

图2-49 裁剪效果

（5）将文件"绿叶"作为当前编辑图像，用"魔棒工具"选取绿叶部分，再选择"选择"→"选取相似"命令，然后反复用"魔棒工具"添加到选区，选中图中绿叶，处理后效果如图2-50所示，再选择"编辑"→"复制"命令，单击文件"沙漠"为当前编辑图像，按【Ctrl+V】组合键粘贴，把结果复制，形成新的图层，命名为"图层2"，"图层"面板如图2-51所示，调整绿叶的大小和图层的位置，得到的"枯木逢春"合成效果见图2-45。

图2-50 选择树叶

图2-51 "图层"面板

（6）选择"文件"→"存储"命令或者按【Ctrl+S】组合键保存文件。

讨 论

团队成员的图像能否完好合在一张图片中?

课后动手实践

1. 添加背景装饰物。
2. 更换窗景。
3. 抠取白色花朵。
4. 合成人物风景照。
5. 合成热气球图。
6. 制作中秋节日书签。

单元 3

图像的绘制与修饰

知识目标：

掌握绘画工具的使用，掌握利用修复工具对图像进行修补和润饰，以及利用颜色、像素处理工具对图像进行综合处理，绘制花纹图案，完成项目实训。

能力目标：

通过学生自主实践操作，与小组合作学习，学会多角度多途径的思考并解决问题，着眼于全局、立足于细节，具备完成图像绘制与修饰工作的能力。

素质目标：

培养学生的审美能力和创新能力，养成认真、负责的工作态度和严谨细致、吃苦耐劳的工作作风。

Photoshop CC具有强大的绘图功能，画笔工具使用方便快捷，可编辑性强。通过不同的笔触组合，可以创建丰富的图形效果。修饰工具可以对图像进行修补，还原图像。

3.1 绘画类工具

图像绘制工具的主要功能是绘制图像，灵活运用绘图工具，可以在空白或已有的图像上绘制各种图像效果。画笔工具将以画笔或铅笔的风格在图像或选择区域内绘制图像。使用画笔工具只要指定一种前景色，设置好画笔的属性，然后用鼠标在图像上直接描绘即可。画笔工具组中包括"画笔工具""铅笔工具""颜色替换工具""混合器画笔工具"，如图3-1所示。

图3-1　画笔工具组

3.1.1 画笔工具

运用画笔工具可以创建出较柔和的笔触，在工具箱中选择"画笔工具"，"画笔工具"属性栏如图3-2所示。

图3-2　"画笔工具"属性栏

"画笔工具"属性栏中各选项的含义如下：

（1）画笔预设选取器：单击画笔预设选取器右边的下拉按钮，可在弹出的列表中选择合适的画笔大小、硬度、笔尖的样式，如图3-3所示。选择相应的画笔笔尖后，在画布上按下鼠标左键后拖动便可以绘制草、枫叶等图形，如图3-4所示。

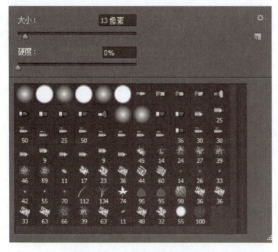

图3-3　画笔预设选取器

图3-4　枫叶、小草图

（2）切换画笔面板：单击"切换画笔面板"按钮，弹出图3-5所示的"画笔"面板。可从中对选取的预设画笔进行更精确的设置，这使得笔刷变得丰富多彩。调整间距为100%，间距实际就是每两个圆点的圆心距离，间距越大圆点之间的距离就越大，如图3-6所示。

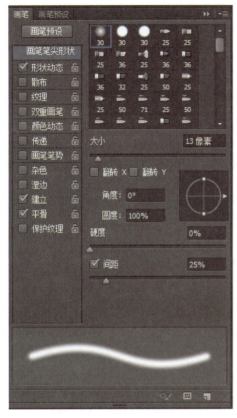

图3-5 "画笔"面板

图3-6 调整间距效果

（3）模式：设置画笔笔触与背景融合的方式。

（4）不透明度：设定笔触不透明度的深浅，不透明度的值越小笔触就越透明，也就越能够透出背景图像。

（5）流量：设置笔触的压力程度，数值越小，笔触越淡。

（6）喷枪：单击喷枪按钮后，"画笔工具"在绘制图案时将具有喷枪功能。

使用"画笔工具"绘制图案的最终效果不仅和画笔的笔触类型、笔触流量等设置有关，还和当前文档的前景色设置有关，想绘制符合要求的图案，必须正确设置以上各种参数。如果想使用"画笔工具"绘制直线条，需按住【Shift】键。除了可以使用Photoshop本身提供的画笔以外，还可以将自己喜欢的图像或图形定义为画笔。

3.1.2 铅笔工具

使用Photoshop的铅笔工具可绘出硬边的线条，如果是斜线，会带有明显的锯齿。绘制的线条颜色为工具箱中的前景色。在铅笔工具属性栏的弹出式面板中可看到硬边的画笔。如果把铅笔的笔触缩小到一个像素，铅笔的笔触就会变成一个小方块，用这个小方块可以很方便地绘制一些像素图形。在工具箱中选择"铅笔工具"，即可在画布中绘制线条或者图案。"铅笔工具"大部分选项的含义与"画笔工具"相同。如果勾选铅笔工具属性栏中的"自动抹掉"复选项,选择"铅笔工具",在与前景色相同的像素区域中拖动鼠标时,将会自动抹掉前景色,而用背景色填充笔触。在与前景色不相同的像素区域中拖动鼠标时,绘制出的颜色是前景色,这是铅笔工具所具有的特殊功能。

3.1.3 颜色替换工具

使用Photoshop前景色对图像中特定的颜色进行替换,该工具常用来校正图像中较小区域颜色的图像。在工具箱中选择"颜色替换工具",工具属性栏如图3-7所示。

图3-7 "颜色替换工具"属性栏

"颜色替换工具"属性栏中部分属性的含义如下:

(1)画笔:可以设置画笔笔尖的大小和形态。

(2)模式:设置替换颜色与原图的混合模式。包括"色相""饱和度""颜色""明度"等选项。其中颜色为色相、饱和度与明度的综合。

(3)取样:用于指定取样区域的大小。

(4)限制:用来限制替换颜色的范围。选择"连续"选项,可以替换指针拖动范围内所有与指定颜色相近并相连的颜色;选择"不连续"选项,可以替换指针拖动范围内所有与指定颜色相近的颜色;选择"查找边缘"选项,可以替换所有与指定颜色相近并相连的颜色,并可以更好地保留图像边缘的锐化效果。

(5)容差:用于指定替换颜色的精确度,该数值越大,被替换的范围越大。

3.1.4 擦除工具

橡皮擦工具组中包括三种工具,分别是"橡皮擦工具""背景橡皮擦工具""魔术橡皮擦工具",如图3-8所示,使用该工具组中的工具可以更改图像的像素,有选择地擦除图像或擦除相似的颜色。

图3-8 橡皮擦工具组

1. 橡皮擦工具

用"橡皮擦工具"可以更改图像中的像素。如果使用"橡皮擦工具"擦除背景图层,被擦除的部分将更改为当前设置的背景色;如果擦除的是普通图层,被擦除的部分将显示为透明效果。"橡皮擦工具"属性栏如图3-9所示。

图3-9 "橡皮擦工具"属性栏

"橡皮擦工具"属性栏中各选项的含义如下:

(1)画笔:用来设置橡皮擦的主直径、硬度和画笔样式。

(2)模式:用来设置橡皮擦的擦除方式,下拉列表中有"画笔""铅笔""块"三个选项。

（3）不透明度：可以用于设置橡皮擦的不透明程度。

（4）流量：控制橡皮擦在擦除时的流动频率，数值越大，则频率越高。不透明度、流量以及喷枪方式都会影响擦除的力度，较小力度（不透明度与流量较低）的擦除会留下半透明的像素。

（5）抹到历史记录：勾选"抹到历史记录"复选框后，用橡皮擦除图像的步骤能保存到"历史记录"面板中，要是擦除操作有错误，可以从"历史记录"面板中恢复原来的状态。

2. 背景橡皮擦工具

"背景橡皮擦工具"是一种智能橡皮擦，它可以自动采集画笔中心的色样，同时删除在画笔内出现的这种颜色，使擦除区域成为透明区域。使用该工具可以将图像中的像素有选择地删除。如果当前图层是背景层，进行擦除后将变为透明效果，而且背景图层将会自动转换为普通图层。"背景橡皮擦工具"一般用于擦除指定图像中的颜色区域，也可以用作去除图像的背景色。

3. 魔术橡皮擦工具

"魔术橡皮擦工具"可以自动分析图像的边缘，然后快速去掉图像的背景，对于图像的抠图来说，具有很好的效果。使用"魔术橡皮擦工具"在图像中单击要擦除的颜色，则可以自动更改图像中所有相似的颜色。如果是在锁定了的透明图层中工作，被擦除区域会更改为背景色，否则像素会抹为透明。

3.2 修饰工具

Photoshop CC中用来修饰图像的工具包括修复画笔工具组、图章工具组、模糊工具组和历史记录画笔工具组等。

3.2.1 修复画笔工具组

修复画笔工具组包含"污点修复画笔工具""修复画笔工具""修补工具""内容感知移动工具""红眼工具"，如图3-10所示。这些工具都可对图像的某个部分进行修饰。应用这些工具时都是使用"画笔"的属性来定义鼠标指针的，"画笔"的属性设置会影响到修饰的效果。

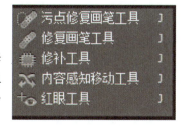

图3-10　修复画笔工具组

1. 污点修复画笔工具

"污点修复画笔工具"可以快速去除照片中的小污点、划痕或者其他不理想的部分（提示：调节笔头大小可以通过键盘上的左右中括号键进行操作），如果需要修复大面积的污点等最好使用"修复画笔工具""修补工具"等。在工具箱中选择"污点修复画笔工具"，其属性栏如图3-11所示。

图3-11　"污点修复画笔工具"属性栏

"污点修复画笔工具"属性栏中各选项的含义如下：

（1）画笔：设置画笔的形状和大小。

（2）模式：设置修复图像时的色彩混合模式。

(3)类型:选中"近似匹配"单选按钮,将自动在修饰区域的周围进行像素取样,达到样本像素与所修复的图像的像素匹配的效果。如果选中"创建纹理"单选按钮,则在单击点创建一些相近的纹理来模拟图像信息。

(4)对所有图层取样:是指在多个图层存在的情况下,可以使取样范围扩大到所有可见图层。

利用"污点修复画笔工具"将图3-12所示图像中的黑点去除,污点修复后的效果如图3-13所示。具体操作步骤如下:

(1)在Photoshop CC中打开图3-12所示图像。

(2)将画笔调整到与要修改的污点大小相似(画笔笔触比污点稍大一点为好),将鼠标移动到污点处单击一下即可。

(3)依照步骤(2)分别将其他污点修复完毕,修复后的效果见图3-13。

图3-12 修复前图像

图3-13 修复后图像

2. 修复画笔工具

"修复画笔工具"可以去除图像中的杂斑、污迹,修复的部分会自动与背景色融合。使用该工具进行修复时先要进行取样,按住【Alt】键不放,单击图像获取修补色的地方,再用鼠标在修补的位置上涂抹,完成图像瑕疵的修复。"修复画笔工具"属性栏如图3-14所示。

图3-14 "修复画笔工具"属性栏

"修复画笔工具"属性栏中各属性的含义如下:

(1)模式:用来设置修复时的混合模式。如果选择"正常"选项,则使用样本像素进行绘画的同时可把样本像素的纹理、光照、透明度和阴影与像素相融合;如果选择"替换"选项,则只用样本像素替换目标像素,在目标位置上没有任何融合。也可在修复前建立一个选区,则选区限定了要修复的范围在选区内。

(2)源:"取样"选项可以用取样点的像素覆盖单击点的像素,从而达到修复的效果。选择此选项,必须按下【Alt】键进行取样。"图案"选项指用修复画笔工具移动过的区域以所选图案进行填充,并且图案会和背景色相融合。

（3）对齐：勾选"对齐"复选框，再进行取样，然后修复图像，取样点位置会随着光标的移动而发生相应的变化；若取消勾选"对齐"复选框，再进行修复，取样点的位置是保持不变的。

（4）样本：选取图像的源目标点。包括当前图层、当前图层和下面图层、所有图层三种选择。

（5）忽略调整图层：单击该按钮，在修复时可以忽略图层。

也可在图3-12中使用修复画笔工具对图像进行修复。具体操作步骤如下：

（1）启动photoshop进入软件界面。

（2）导入图3-12所示图片素材。

（3）选择修复画笔工具。

（4）修复时按住【Ctrl++】组合键放大图片。按住【Alt】键在污点附近单击取样。

（5）在污点处拖动鼠标在需要修复的地方进行修复。

（6）根据需要重复取样，取样点尽可能接近修复点，单击图片需要修复的地方直到完成修复。

3．修补工具

"修补工具"是以选区的形式选择取样图像或使用图案填充来修补图像的，主要用于修补图像中面积较大，或者边缘不整齐的图像缺陷部分。"修补工具"属性栏如图3-15所示。

图3-15 "修补工具"属性栏

"修补工具"属性栏中各选项的含义如下：

（1）修补：指定修补的源与目标区域，"源"选项表示要修补的对象是现在选中的区域。"目标"选项与"源"选项刚好相反，要修补的是选区被移动后到达的区域，而不是移动前的区域。

（2）透明：如果勾选该复选框，则被修补的区域除边缘融合外，还有内部的纹理融合，被修补的区域好像做了透明处理。如果不勾选该复选框，则被修补的区域与周围的图像只在边缘上融合，而其内部图像的纹理保持不变。

（3）使用图案：在未建立选区时，使用图案不可用。画好一个选区之后，使用图案被激活，首先选择一种图案，然后单击"使用图案"按钮，可以把图案填充到选区中，并且会与背景产生一种融合的效果。

4．内容感知移动工具

利用Photoshop CC的"内容感知移动工具"可以简单到只需选择图像场景中的某个物体，移动或复制后的边缘会自动进行柔化处理，以便和周围的环境完美地融合在一起。具体操作方法：在工具箱中选择"内容感知移动工具"，光标上就会出现"X"图形，按住鼠标左键并拖动即可画出选区，与套索工具的操作方法一样。先用该工具把需要移动的部分选取出来，然后在选区中按住鼠标左键拖动，移到想要放置的位置后释放鼠标，系统就会智能修复。

5．红眼工具

"红眼工具"可以去除使用闪光灯拍摄的人物照片中的红眼，以及动物照片中的白色或绿色反光。此工具也可以改变图像中任意位置的红色像素，使其变为黑色调。"红眼工具"的操作方法非常简单，在工具箱中选择"红眼工具",设置好属性以后,直接在图像中的红眼部分单击即可。

3.2.2 图章工具组

图章工具组中包括"仿制图章工具"和"图案图章工具",其中"仿制图章工具"可以从图像中取样,而"图案图章工具"则可以在一个区域中填充指定的图案。

1. 仿制图章工具

利用"仿制图章工具"可以将图像中的像素复制到当前图像的另一个位置。名片制作要使用此工具绘图,可以按住【Alt】键并在无瑕疵的图像上单击,以定义一个原图像,然后在需要修复的区域单击并拖动鼠标进行涂抹即可。"仿制图章工具"包括源指针和目标指针两部分。源指针初始指向要复制的部分,目标指针则可以将复制的部分在图像中另外一个地方绘制出来。在绘制的过程中两种指针保持着一定的联动关系,该工具仅仅是克隆源区域中的像素。"仿制图章工具"属性栏如图3-16所示。

图3-16 "仿制图章工具"属性栏

"仿制图章工具"属性栏中各选项的含义如下:

(1)不透明度:设置克隆后像素的不透明度,该值越大越不透明。

(2)流量:设置画笔的绘制强度。

(3)对齐:勾选"对齐"复选框后,仿制点和取样点就会一直是同样的距离和方向,若不选中,仿制点不管在哪儿,取样点都是最开始那个,不会随着仿制点位置的变化而变化。

(4)用于所有图层:选择该选项后,将从文档的所有图层对象中取样;如果不选择该选项,则只从当前图层的对象中取样。

利用"仿制图章工具"将图3-17所示图像左上角的白色荷花复制,复制后的效果如图3-18所示。

图3-17 原图

图3-18 复制图像效果图

2. 图案图章工具

"图案图章工具"与图案填充的操作方法类似,但是它比图案填充更加灵活,操作更加方便,适合局部选区的图案填充和图案的绘制,能快速地复制图案,所使用的图案可以从属性栏的"图案"选项面板中选择。其工具属性栏如图3-19所示,如果勾选"印象派效果"复选框,则仿制后的图案可以绘制随机产生的印象色块效果。在图3-20所示图像上绘制一个指定的椭圆区域,在工具箱中选择"图案图章工具",并设置图3-19所示的工具属性栏,然后用鼠标在选区中拖动复制填充图案,如图3-21所示。

图3-19 "图案图章工具"属性栏

图3-20 原图

图3-21 在指定的选区中复制填充图案

3.2.3 模糊工具组

模糊工具是将涂抹的区域变得模糊,模糊有时候是一种表现手法,将画面中其余部分作模糊处理,就可以凸现主体。模糊工具组中包括"模糊工具""锐化工具""涂抹工具",如图3-22所示。

图3-22 模糊工具组

1. 模糊工具

在工具箱中选择"模糊工具",在图像中拖动鼠标,鼠标经过的区域中就会产生模糊效果,如果在其工具属性栏上设置"画笔"的值较大,则模糊的范围就较广,属性栏中的"强度"选项用于设置"模糊工具"对图像的模糊程度,取值范围为1%~100%,取值越大,模糊效果越明显。

2. 锐化工具

"锐化工具"通过增大图像色彩反差来锐化图像,可以增强图像中相邻像素之间的对比,提高图像的清晰度。

3. 涂抹工具

使用"涂抹工具"涂抹图像时,可以拾取鼠标单击点的颜色,并沿拖移的方向展开这种颜色,模拟出类似于手指拖过湿油漆时的效果。与模糊工具、锐化工具不同的是,涂抹工具属性栏中多了"手指绘画"复选框,如果不勾选此复选框,对图像进行涂抹时,则只是使图像中的像素和色彩进行移动;如果勾选此复选框,则相当于用手指蘸着前景色在图像中进行涂抹;图3-23是原图像和经过模糊、锐化、涂抹后的效果图。

图3-23　图像原图及经过模糊、锐化、涂抹后的效果图

3.2.4　历史记录画笔工具组

历史记录画笔工具组中包括"历史记录画笔工具"和"历史记录艺术画笔工具"，如图3-24所示。它们与"历史记录"面板相结合可以很方便地恢复图像之前的任意操作，能以绘画的形式自由纠正发生在图像中的错误。

图3-24　历史记录画笔工具组

1. 历史记录画笔工具

使用"历史记录画笔工具"，可以将图像编辑中的某个状态还原出来，可以起到突出画面重点的作用。常用于恢复图像的操作步骤，使用时需要结合"历史记录"面板才能充分发挥该工具的作用。

2. 历史记录艺术画笔工具

"历史记录艺术画笔工具"使图像处理人员可以使用指定历史记录状态或快照中的源数据，以风格化描边进行绘画。通过尝试使用不同的绘画样式、大小和容差选项，可以用不同的色彩和艺术风格模拟绘画的纹理。

与历史记录画笔一样，历史记录艺术画笔也是用指定的历史记录状态或快照作为源数据。但是，历史记录画笔通过重新创建指定的源数据来绘画，而历史记录艺术画笔在使用这些数据的同时，还使用图像处理人员为创建不同的色彩和艺术风格设置的选项。使用"历史记录艺术画笔工具"结合"历史记录"面板可以将图像恢复至以前操作的任意步骤。"历史记录艺术画笔工具"常用于制作艺术效果图像，该工具的使用方法与"历史记录画笔工具"相同。

视频
【案例8】
提示牌的去除

【案例8】提示牌的去除

利用"修补工具"将图3-25所示图像中的提示牌去除，扫一扫二维码，可观看实操演练过程。

操作步骤如下：

（1）在Photoshop中打开图3-25所示的素材。

（2）选择修复工具，将鼠标移动到图像提示牌附近，此时鼠标变形为一个带有小钩的补丁形状，使用其绘制一个区域将提示牌包围。

（3）将鼠标移动到刚才所绘制的区域中，按住鼠标左键拖动该区域到无斑点处释放鼠标，修补后的效果如图3-26所示。

图3-25　修补图像前的效果图　　　　　　图3-26　修补图像后的效果图

【案例9】绘制花纹图案

绘制图3-27所示花纹图案，扫一扫二维码，可观看实操演练过程。

视　频

【案例9】
绘制花纹图案

图3-27　花纹图案最终效果图

操作步骤如下：

（1）启动Photoshop CC，选择"文件"→"新建"命令，弹出"新建"对话框。输入新建图像的宽度和高度，背景内容选择"透明"，如图3-28所示，单击"确定"按钮。

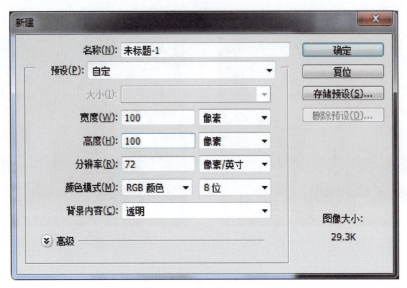

图3-28 "新建"对话框

（2）利用"椭圆选框工具"绘制一个大圆后减去一个同心圆选区，添加两个矩形选区后填充黑色，如图3-29所示。

（3）选择"编辑"→"定义画笔预设"命令，弹出"画笔名称"对话框，如图3-30所示，然后单击"确定"按钮。

图3-29 图案示意图　　　　　　　　　　　　图3-30 "画笔名称"对话框

（4）新建一个文档，大小为500像素×500像素，背景色为白色，如图3-31所示，然后单击"确定"按钮。

（5）使用"椭圆选框工具"绘制一个圆，如图3-32所示。

（6）单击"路径"面板中的"选区中生成工作路径"按钮，如图3-33所示。

（7）在工具箱中选择"画笔工具"，在"画笔工具"属性栏中切换"画笔"面板，选择刚才定义的画笔笔触，还可以通过"大小"下的参数滑块调节笔触的大小，本例中将此参数设置为60像素，间距设置为140%，如图3-34所示。

单元3　图像的绘制与修饰

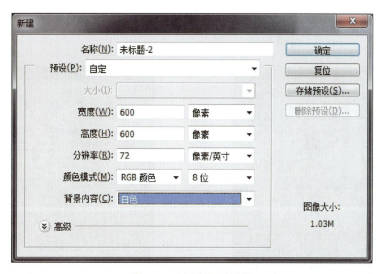

图3-31　"新建"对话框

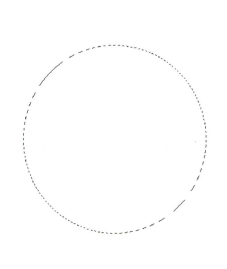

图3-32　椭圆选区示意图

图3-33　"路径"面板

（8）在"画笔"面板中勾选"形状动态"复选框，大小抖动设置为0%，控制设置为"方向"，如图3-35所示。

（9）在"路径"面板中单击"用画笔描边路径"按钮，图像效果如图3-36所示。

（10）在"路径"面板中单击"删除当前路径"按钮，如图3-37所示，将该层进行复制，并用"自由变换"将其调整至合适大小，效果如图3-38所示。

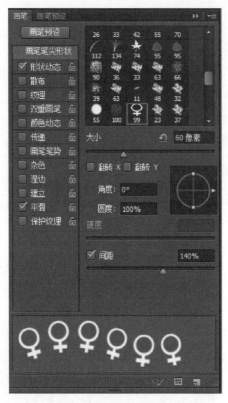

图3-34　"画笔"面板

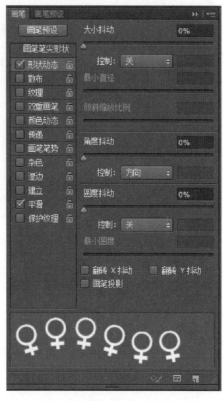

图3-35　勾选"形状动态"复选框

图3-36　调整描边后的示意图

图3-37　删除路径后的示意图

（11）应用变换效果，按【Ctrl+Shift+Alt+T】组合键重复复制上次变换，效果如图3-39所示。

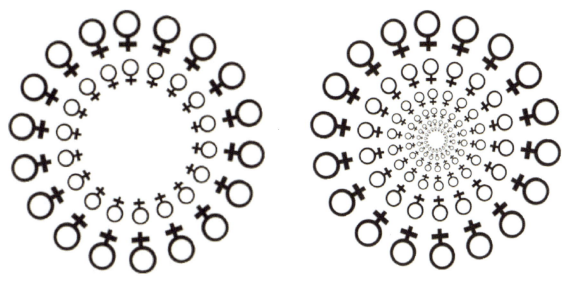

图3-38　复制后的图案形状　　　　　　　　　　图3-39　复制多次后的效果

（12）选择"矩形选框工具"，选中图3-39的效果，选择"编辑"→"定义图案"命令，将其定义成图案，如图3-40所示。

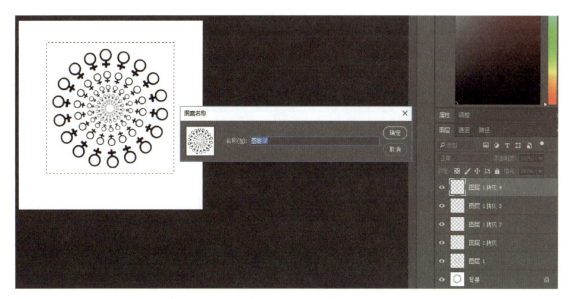

图3-40　定义图案

（13）新建一个宽度和高度均为2 000像素，白色背景的文件，选择"编辑"→"填充"命令，填充的内容为选择图3-40定义的图案，最终效果见图3-27。

> 讨 论

如何定义新画笔?

> 课后动手实践

1. 请描绘祖国大好河山。
2. 设计花纹图案。
3. 为人物裙子更换颜色。
4. 修复脸部瑕疵。
5. 更换背景天空。
6. 制作杂志封面人物。
7. 制作小景深图片。
8. 美化人物皮肤。
9. 修饰人物妆容。

单元 4

色彩的调整

知识目标：

了解图像色彩模式，掌握图像色彩的调整方法、光和色的关系、修饰图像、花蕊颜色调整，完成项目实训。

能力目标：

培养学生能够以合作学习、探究学习的方式，对图像的色彩状态进行调整或改变的能力。

素质目标：

陶冶学生审美情操，增强家国情怀，培养学生自觉遵守法律、法规，恪守职业道德，养成认真、负责的工作态度和严谨细致、吃苦耐劳的工作作风。

Photoshop CC提供了功能全面的色彩与色调调整命令，使用这些命令，可以非常方便地对图像的色彩、亮度、对比度等进行修改，使图片色彩更加亮丽。

4.1 常用色彩工具

使用调整工具可以对色彩进行调整。在传统的摄影技术中，摄影师调节照片特定区域的曝光度时，曝光的时间越长，光线就越强，照片中的某个区域就会变亮——减淡，色调工具组包括"减淡工具""加深工具""海绵工具"，如图4-1所示。这三种工具均可通过按住鼠标在图像上拖动来改变图像的色调。

图4-1　色调工具组

1. 减淡工具

"减淡工具"可以分别对图像中的高光、中间调以及阴影区域进行提亮调整，但色彩饱和度降低。"减淡工具"属性栏如图4-2所示。

图4-2　"减淡工具"属性栏

"减淡工具"属性栏中各选项的含义如下：

（1）画笔：在其中可以选择一种画笔，以定义使用"减淡工具"操作时笔刷的大小，画笔越大操作时提亮的区域也越大。

（2）范围：用于对图像减淡处理时的范围选取，包括"阴影""中间调""高光"三个选项。选择"阴影"选项时，加亮范围只局限于图像的暗部。选择"中间调"选项时，加亮范围只局限于图像的灰色调。选择"高光"选项时，加亮范围只局限于图像的亮部。

（3）曝光度：用来控制图像的曝光强度。数值越大，曝光强度就越明显。

（4）保护色调：勾选此复选框时，可以使操作后的图像色调不发生变化。

2. 加深工具

"加深工具"刚好与"减淡工具"相反，可以使图像或者图像中某区域内的像素变暗，但是色彩饱和度提高。灵活地使用"加深工具"与"减淡工具"，可以绘制出很多漂亮的插画作品。

3. 海绵工具

"海绵工具"用于吸去颜色。使用此工具可以将有颜色的部分变为黑白。它与"减淡工具"不同，"减淡工具"在减淡的同时将所有颜色，包括黑色都减淡，到最后就成一片白色，而"海绵工具"只吸去除黑白以外的颜色。"海绵工具"属性栏如图4-3所示。

图4-3　"海绵工具"属性栏

"海绵工具"属性栏中各选项的含义如下：

（1）画笔：在其中可以选择一种画笔，以定义使用"海绵工具"操作时笔刷的大小。

(2)模式:用于对图像加色或去色的设置,下拉列表中的选项为"降低饱和度"和"饱和"两项。

(3)自然饱和度:勾选该复选框时,可以在提高/降低饱和度的同时,针对图像的亮度一并进行适当的调整,从而使调整的结果更为自然。

4. 吸管工具

吸管工具可以从图像中获取颜色,只能设置前景色。其使用方法是:在工具箱中选择"吸管工具",然后单击图像中的取色位置。

4.2 色彩调整的基本方法

色彩调整的基本方法是采用一些简单、快速调整图像色彩的命令,包括"去色""反相""阈值""色调分离""色调均化""自动色调""自动对比度""自动颜色"等命令。

1. 去色

Photoshop CC"去色"命令就是去除图像中的所有色彩,图像的颜色模式保持不变,从而得到一幅灰度图像的效果。使用"去色"命令可以制作黑白照片,基本操作步骤是:选择"图像"→"调整"→"去色"命令,快捷键为【Shift+Ctrl+U】。图4-4所示原图执行去色后效果如图4-5所示。

2. 反相

"反相"命令可以将图像中的颜色反转,反相图像时,通道中每个像素的亮度值转换为256级颜色值刻度上相反的值。一个正片黑白图像变成负片,也可以将扫描的黑白负片变为一个正片。反相还可以单独对层、通道、选取范围或是整个图像进行调整。选择"图像"→"调整"→"反相"命令,或按【Ctrl+I】组合键。图4-4所示原图执行反相后效果如图4-6所示。

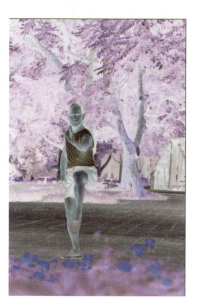

图4-4　色彩调整原图像　　　　图4-5　"去色"调整图像　　　　图4-6　"反相"调整图像

3. 阈值

"阈值"命令可以将彩色图像或灰度图像转换为高对比度的黑白图像；当指定某个色阶作为阈值时，所有比阈值暗的像素都转换为黑色，而所有比阈值亮的像素都转换为白色。可以指定具体的阈值，其变化范围是1~255。

选择"图像"→"调整"→"阈值"命令，弹出"阈值"对话框，设定阈值色阶的值，其中阈值用来设置黑色和白色分界数值，数值越大，黑色越多；数值越小，白色越多。图4-4所示原图阈值设置为128时的效果如图4-7所示。

4. 色调分离

"色调分离"命令可以指定图像的色阶级数，并根据图像的像素反映为最接近的颜色，色阶数越大则颜色变化越细腻，但效果则不明显。色阶数越小，图像的颜色就越单调。选择"图像"→"调整"→"色调分离"命令，弹出"色调分离"对话框，图4-4所示原图色阶数设置为2时，效果如图4-8所示。

5. 色调均化

"色调均化"命令可以在图像过暗或过亮时，通过平均值调整图像的整体亮度。"色调均化"命令可以重新分布图像中像素的亮度值，使图像均匀地呈现所有范围的亮度值。选择"图像"→"调整"→"色调均化"命令，选择"色调均化"命令后的效果如图4-9所示。

图4-7 "阈值"调整图像　　图4-8 "色调分离"调整图像　　图4-9 "色调均化"调整图像

6. 自动色调

"自动色调"命令自动调整图像中的暗部和亮部。"自动色调"命令对每个颜色通道进行调整，将每个颜色通道中最亮和最暗的像素调整为纯白和纯黑，中间像素值按比例重新分布。由于"自动色调"命令单独调整每个通道，所以可能会移去颜色或引入色偏。操作步骤为：选择"图像"→"自动色调"命令，快捷键为【Shift+Ctrl+L】。

7. 自动对比度

"自动对比度"命令可以自动调整图像中颜色的对比度。由于"自动对比度"不单独调整通道，所以不会增加或消除色偏问题。"自动对比度"命令将图像中最亮和最暗像素映射到白色和黑色，使高光显得更亮而暗调显得更暗。操作步骤为：选择"图像"→"自动对比度"命令，快捷键为【Alt+Shift+Ctrl+L】。

8. 自动颜色

"自动颜色"命令可以通过搜索实际像素来调整图像的色相饱和度，可以在图像中自动查找高光和暗调的平均色调值来调节图像的最佳对比度，且可以自动设置图像中的灰色像素来达到调节图像色彩平衡的效果，使图像颜色更为鲜艳。操作步骤为：选择"图像"→"自动颜色"命令，快捷键为【Shift+Ctrl+B】。

4.3 色彩调整的中级方法

色彩调整的中级方法是采用一些比较复杂的调整图像色彩的命令，包括"亮度/对比度""色彩平衡""替换颜色""照片滤镜""通道混合器"等命令。

1. 亮度/对比度

"亮度/对比度"命令用来调节图像的明亮程度和对比度，与"色阶"命令和"曲线"命令不同的是，"亮度/对比度"命令不考虑图像中各通道颜色，而是对图像进行整体调整。选择"图像"→"调整"→"亮度/对比度"命令，或按【Ctrl+B】组合键，弹出"亮度/对比度"对话框，如图4-10所示。

图4-10 "亮度/对比度"对话框

亮度值的范围为-150~+150，用于调节图像的明暗程度。向右移动滑块增加亮度。对比度的范围为-100~+100，用于调节图像的对比度。向右移动滑块增强对比效果。图4-12是对图4-11所示原图进行亮度/对比度调节的效果图。

图4-11 原图

图4-12 亮度/对比度调节效果图

2. 色彩平衡

"色彩平衡"命令可以更改图像的总体颜色混合，并且在暗调区、中间调区和高光区通过控制各个单色的成分来平衡图像的色彩，可以通过增加某一颜色的补色，从而达到去除某种颜色的目的。选择"图像"→"调整"→"色彩平衡"命令，或按【Ctrl+B】组合键，弹出"色彩平衡"对话框，如图4-13所示。

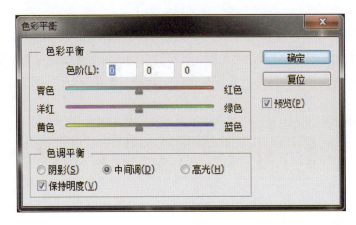

图4-13 "色彩平衡"对话框

"色彩平衡"对话框中各选项的含义如下：

（1）色彩平衡："色彩平衡"区域中有三个滑块可以调节，或是在色阶中输入-100~+100的数值，拖动滑块到所需颜色一侧可增加这种颜色。如要减少图像中的青色，则拖动第一个滑块向红色方向拖动，因青色和红色为互补色，因此减少青色就是增加红色。

（2）色调平衡：有"阴影""中间调""高光"三个单选按钮。如果选中"阴影"单选按钮，表示调整图像阴影部分的颜色。选中"保持明度"复选项，在调节图像色彩平衡时，可以保持图像的亮度值不变。

3. 替换颜色

"替换颜色"命令能够简化图像中特定颜色的替换，可以在图像中选择要替换颜色的图像范围，用其他颜色替换掉所选择的颜色。选择"图像"→"调整"→"替换颜色"命令，弹出"替换颜色"对话框，如图4-14所示。

"替换颜色"对话框中各选项的含义如下：

（1）本地化颜色簇：勾选此复选框时，设置替换范围会被集中在选取点的周围。

（2）颜色容差：用来设置被替换颜色的选取范围。

（3）选取吸管：用吸管工具可以单击图像中要选择的颜色区域，并且可以通过对话框中的预览图像点选相关的像素，带"+"的吸管为增加选区，带"-"的吸管为减少选区。

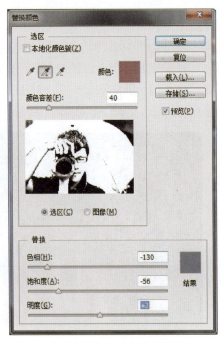

图4-14 "替换颜色"对话框

（4）选区/图像：选中"选区"单选按钮时，图像为黑白效果，表示选取的区域；选中"图像"单选按钮时，图像为彩色效果，可以用来将调整颜色与原图像作比较。

（5）替换：用来对选取的区域进行颜色调整，可以通过调整色相、饱和度和明度更改所选的颜色，也可以单击"结果"色块，在"选择目标颜色"拾色器中直接选择替换的颜色，单击"确定"按钮，便可完成颜色替换。图4-16所示为图4-15"替换颜色"后的效果图。

图4-15　原图　　　　　　　　　　　　图4-16　"替换颜色"后效果图

4. 照片滤镜

照片滤镜是一款调整图片色温的工具，其工作原理是模拟在照相机的镜头前增加彩色滤镜，镜头会自动过滤掉某些暖色或冷色光，从而获得特殊效果。同时可以选择色彩设置，对图像应用的色相进行调节。选择"图像"→"调整"→"照片滤镜"命令，弹出"照片滤镜"对话框，如图4-17所示。

图4-17　"照片滤镜"对话框

"照片滤镜"对话框设置较为简单："滤镜"下拉列表中自带有各种颜色滤镜，用来调节图像中白平衡的色彩转换或是较小幅度调节图像色彩质量的光线平衡。"颜色"单选按钮用于选择指定滤色片的颜色。"浓度"滑块可以控制需要增加颜色的浓淡，数值越大，色彩越接近饱和。而"保留明度"复选框就是调整图像颜色的同时保持图像的亮度不变，勾选后有利于保持图片的层次感。

对图4-18应用"照片滤镜"命令后的效果如图4-19所示。

图4-18　原图　　　　　　　　　　　图4-19　使用"照片滤镜"效果图

5．通道混合器

"通道混合器"命令是通过调整当前颜色通道中的像素和其他颜色来创造一些其他颜色，从而达到调节颜色的目的。可以通过这种方式来调节灰度图像或创建单一色调图像等。混合原理是RGB模式下共有R：红色、G：绿色、B：蓝色三种颜色，"红色+绿色=黄色""红色+蓝色=紫色""蓝色+绿色=青色"。同样在通道中有红、绿、蓝三种通道，三者通过混合就构成照片的颜色。

选择"图像"→"调整"→"通道混合器"命令，弹出"通道混合器"对话框，如图4-20所示。

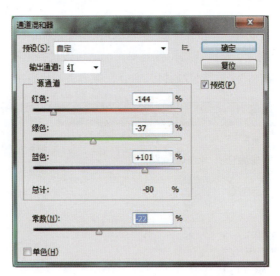

图4-20　"通道混合器"对话框

"通道混合器"对话框中各选项的含义如下：

在不同的颜色模式下"输出通道"是不同的。RGB模式下有红、绿、蓝可以选择。选择某种颜色作为输出通道后，就是在这个通道中调色。如选择红色，其实就是在红色通道中操作。"源通道"区域用于各颜色的调整及常数调整。颜色调整比较好理解，就是在红色通道中，可以改变其他或本身通道颜色来改变图片色彩。常数就是用来控制所在通道颜色浓淡，数值越大越亮，越小就越暗。另外，通道混合器只能改变有色彩的部分，灰色部分是不能调整的。勾选"单色"复选框，可将彩色图像变成灰度图像，但是色彩模式不发生变化。原图4-21使用"通道混合器"效果如图4-22所示。

图4-21 原图　　　　　　　　　　图4-22 使用"通道混合器"效果图

4.4 色彩调整的高级方法

本节讲解Photoshop的高级图像色彩调整命令,包括"色阶""曲线""色相/饱和度""渐变映射""可选颜色""匹配颜色"等命令。

1. 色阶

"色阶"命令可以调整图像的明暗度、中间色和对比度。一般可用于图像修整曝光不足或过量的问题。选择"图像"→"调整"→"色阶"命令,或按【Ctrl+L】组合键,弹出"色阶"对话框,如图4-23所示。

"色阶"对话框中各选项的含义如下:

(1)预设:用来选择已经调整完毕的"较暗、增加对比度、加深阴影、调亮、中间调亮、中间调暗"色阶效果。

(2)通道:可以选择所要调整的"RGB、红、绿、蓝"颜色通道,系统默认为RGB复合颜色通道。在调

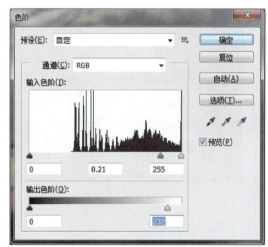

图4-23 "色阶"对话框

整复合通道时,各种颜色的通道像素会按比例自动调整,避免改变图像色彩平衡。

(3)输入色阶:通道下面就是输入色阶,有三个滑块分别是:黑色、灰色、白色滑块,黑色代表暗部,灰色代表中间调,白色代表高光,在输入色阶对应的文本框中输入数值或拖动滑块来调整图像的色调范围,可以提高或降低图像的对比度。左侧方框用于设置图像暗部色调,其范围是0~253,通过数值可将图像的效果变暗。中间方框用于设置图像中间色调,其范围是0.10~9.99,可以将图像变亮。右侧方框用于设置图像亮部色调,其范围是2~255,通过数值可将图像的效果变亮白。

(4)输出色阶:在对应的文本框中输入数值或拖动滑块来调整图像的亮度范围,"暗部"可以使

图像中较暗的部分变亮；"亮部"可以使图像中较亮的部分变暗。

（5）弹出菜单按钮：单击该按钮可以弹出下拉菜单，其中有以下三个选项。选择"存储预设"选项，可以将当前设置的参数进行存储，在"预设"下拉列表中可以看到被存储的选项。选择"载入预设"选项，可以用于载入外部的色阶文件作为当前图像文件的调整参数。选择"删除当前预设"选项，可以删除当前选择的预设。

（6）自动：单击该按钮可以将"暗部"和"亮部"自动调整到最暗和最亮。

（7）选项：单击该按钮，弹出"自动颜色校正选项"对话框，在其中可以设置"阴影"和"高光"所占的比例。

（8）设置黑场：用来设置图像中阴影的范围。单击"设置黑场"按钮，用鼠标在图像中选取点处单击，此时图像中比选取点更暗的像素颜色将会变得更深。

（9）设置灰场：单击"设置灰场"按钮，用鼠标在图像中选取点处单击，可以对图像中间色调的范围进行平均亮度的调节。

（10）设置白场：单击"设置白场"按钮，用鼠标在图像中选取点处单击，此时图像中比选取点更亮的像素颜色将会变得更浅。

对于高亮度的图像，可用鼠标将左侧的黑色滑块向右拖动，以增大图像中暗调区域的范围，使图片变暗。图4-25所示为图4-24使用"色阶"调整图像后效果图。

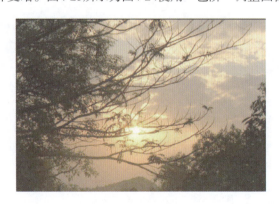

图4-24　原图像

图4-25　使用"色阶"调整后图像

2. 曲线

"曲线"是调节颜色中运用非常广泛的工具，有非常强的灵活性，不仅可以调节图片的明暗，还可以用来调色、校正颜色、增加对比以及用来制作一些特殊的塑胶或水晶效果等。选择"图像"→"调整"→"曲线"命令，或按【Ctrl+M】组合键，弹出"曲线"对话框，如图4-26所示。在"曲线"对话框中，X轴代表图像的输入色阶，从左到右分别为图像的最暗区和最亮区。Y轴代表图像的输出色阶，从上到下分别为图像的最亮区和最暗区。设置曲线形状时，将曲线向上或向下移动可以使图像变亮或变暗。在曲线上单击，曲线向左上角弯曲，图像则变亮；当曲线形状向右下角弯曲，图像则变暗。

"曲线"对话框中各选项的含义如下：

（1）预设：除了手工编辑曲线来调整图像外，还可以直接在"预设"下拉列表中选择Photoshop自带的调整选项。

（2）通道：与"色阶"命令相同，在不同的颜色模式下，该下拉列表将显示不同的选项。

（3）曲线调整框：按住【Alt】键在该区域中单击可以增加网格的显示数量，从而便于对图像进行精确调整。

（4）编辑点以修改曲线：单击此按钮，可以在曲线上添加控制点来调整曲线。单击在曲线上产生的点为节点，其数值可以显示在"输入"和"输出"文本框中。单击多次，可出现多个节点，按住【Shift】键再单击可选择多个节点；按住【Ctrl】键再单击可删除多余节点。

（5）通过绘制来修改曲线：使用该工具可以使用手绘方式在曲线调整框中绘制曲线。

（6）显示修剪：勾选该复选框，可以在预览图像中显示修剪的位置。

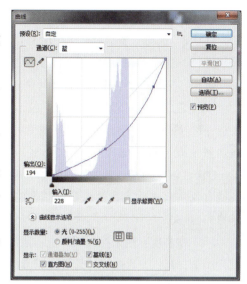

图4-26 "曲线"对话框

（7）显示数量：其中有"光""颜料/油墨"两个选项，分别表示加色与减色颜色模式状态。

（8）显示：用于设置预览窗口中是否有通道叠加、基线、直方图或者交叉线。

（9）平滑：当使用"通过绘制来修改曲线"绘制曲线时，该按钮才会被激活，单击该按钮可以让所绘制的曲线变得更加平滑。

图4-28所示为图4-27使用"曲线"调整后图像。

图4-27 "曲线"调整前图像

图4-28 使用"曲线"调整后图像

3. 色相/饱和度

色相/饱和度是一款快速调色及调整图片色彩浓淡及明暗的工具，既可以作用于整个图像，也可以单独调整指定的颜色。选择"图像"→"调整"→"色相/饱和度"命令，或按【Ctrl+U】组合键，弹出"色相/饱和度"对话框，如图4-29所示。

"色相/饱和度"对话框中各选项的含义如下：

（1）预设：系统预先保存的调整效果，包括"增加饱和度""旧样式""红色提升""黄色提升""自定"等选项。

（2）编辑：从下拉列表中选择所需要调整颜色的范围。其中，"全图"表示对图像中所有像素都起作用，选择"红色""黄色""绿色"等其他颜色，则只对所选颜色的"色相""亮度""饱和度"进行调整。

（3）色相：用来改变图片的颜色，拖动按钮时颜色会按：红-黄-绿-青-蓝-洋红的顺序改变，如选择绿色调节增加数值就会向青-洋红依次调整，减少数值就会向黄-红-洋红依次调整，对多种颜色调节规律一样。拖动滑块或在文本框中输入数值来调节图像的色相，调节范围是-180~+180。

图4-29 "色相/饱和度"对话框

（4）饱和度：用来控制图片色彩浓淡的强弱，饱和度越大色彩就会越浓。饱和度只能对有色彩的图片调节，灰色、黑白图片是不能调节的。拖动滑块或在文本框中输入数值来调节图像的饱和度。调节范围是-100~+100。

（5）明度：调整图片的明暗程度，数值越大越亮，相反就越暗，拖动滑块或在方框中输入数值来调节图像的明度。调节范围是-100~+100。

（6）吸管：调色时可以用吸管吸取图片中任意的颜色进行调色。选择对话框中的吸管工具，可以配合下面的颜色条来选取颜色增加和减少所编辑的颜色范围。

（7）添加到取样中：即带"+"号的吸管工具，用该工具并按住【Shift】键可以在图像中已选取的色调中再增加范围。

（8）从取样中减去：即带"-"号的吸管工具，用该工具并按住【Alt】键则可在图像中为已选取的色调减少调整的范围。

（9）着色：勾选此复选框，彩色图片就会变成单色图片，也可以调整色相、饱和度、明度等，制作出自己喜欢的单色图片。

（10）按图像的选取点调整图像饱和度：单击此按钮，使用鼠标在图像的相应位置拖动时，会自动调整被选区域颜色的饱和度。

图4-31所示为对图4-30进行"色相/饱和度"调整效果。

图4-30 "色相/饱和度"调节前图像

图4-31 使用"色相/饱和度"调节后图像

4. 渐变映射

"渐变映射"命令可以把渐变色快速映射到图片中，使图片快速着色。"渐变映射"会把渐变色由左至右或沿相反方向依次分为暗部-中间调-高光等几部分。然后通过与图片的暗部-中间调-高光一一对应着色。不论渐变节点有多少，都是按照同样的顺序着色。还可以改变渐变映射的混合模式，制作出更有特色的图片。选择"图像"→"调整"→"渐变映射"命令，弹出"渐变映射"对话框，如图4-32所示。

图4-32 "渐变映射"对话框

"渐变映射"对话框中各选项的含义如下：

（1）灰度映射所用的渐变：单击灰度映射右侧的下拉按钮，在弹出的"渐变编辑器"中选择或编辑渐变色。

（2）仿色：在渐变色阶后的图像上随机添加些杂色，从而产生更平滑的渐变映射效果。

（3）反向：将渐变填充的方向切换为反向渐变，产生反向的渐变映射效果。

图4-34所示为对图4-33使用"渐变映射"调整后图像。

图4-33 "渐变映射"调整前图像

图4-34 使用"渐变映射"调整后图像

5. 可选颜色

"可选颜色"命令是一款非常细腻的调色工具，用来校正颜色的平衡，主要针对RGB、CMYK、黑、白和灰等主要颜色的调节。运用"可选颜色"命令调节图像时，可改变某一通道中的一种颜色，可保留其他通道中的同一种颜色。选择"图像"→"调整"→"可选颜色"命令，弹出"可选颜色"对话框，如图4-35所示。

"可选颜色"对话框中各选项的含义如下：

（1）颜色：从下拉列表中选择"红、黄、绿、青、蓝、洋红、白、中性、黑"所要校正的颜色，然后分别拖动对话框中的四个滑块，可以增加或减少要校正颜色中每种颜色的含量，从而改变图像的主色调。当调好一种颜色后，可以再调整其他颜色。

（2）方法：包括"相对"和"绝对"两个单选按钮，用来决定色彩值的调节方式。相对与绝对只是数值计算不同，选中"相对"单选按钮，可按颜色总量的百分比调整当前的青色、洋红、黄色和黑色的量。选中"绝对"单选按钮，当前的青色、洋红、黄色和黑色的量采用绝对调整。

6. 匹配颜色

"匹配颜色"命令可以将一个图像（源图像）的颜色与另一个图像（目标图像）的颜色相匹配，也可以将同一图像不同图层中的颜色相互融合，或者按照图像本身的颜色进行自动中和。选择"图像"→"调整"→"匹配颜色"命令，弹出"匹配颜色"对话框，如图4-36所示。

图4-35 "可选颜色"对话框　　　　　图4-36 "匹配颜色"对话框

"匹配颜色"对话框中各选项的含义如下：

（1）目标图像：用于显示要匹配颜色的图像文件的名称、格式和颜色模式等。"应用调整时忽略选区"复选框需在目标图像中创建选区后才可以勾选。勾选后，整个图像将被调整，而不调整选区中的图像部分。

（2）图像选项：调整被匹配图像的选项。其中移动"明亮度"滑块，可以调整当前图像的亮度。当数值为100时，目标图像与源图像有一样的亮度。当数值变小时图像变暗；反之，图像变亮。移动"颜色强度"滑块，可以调整图像中色彩的饱和度。移动"渐隐"滑块，可以控制应用图像的调整强度。勾选"中和"复选框，可以自动消除目标图像中的色彩偏差，使匹配图像更加柔和。

（3）图像统计：设置匹配与被匹配的选项。当源图像中有选区时，勾选"使用源选区计算颜色"复选框，将使用选区内的图像颜色来调整目标图像，否则将用整个源图像进行匹配。当目标图像中创建选区时勾选"使用目标选区计算调整"复选框，将使用源图像的颜色对选区内的图像进行调整。可以在"源"下拉列表中选择源图像，即要将颜色与目标图像相匹配的图像文件。可以在"图层"下拉列表中选择源图像中与目标图像颜色匹配的图层。如果要与源图像中所有图层的颜色相匹配,可以选择"合并的"选项。

【案例10】"鲜艳玫瑰"效果

将一幅色彩单一的灰色图像经过Photoshop CC处理变为对比度强烈、色彩鲜艳的彩色图像,效果如图4-37所示。扫一扫二维码,可观看到实操演练过程。

操作步骤如下:

(1)单击"文件"→"打开"命令,弹出"打开"对话框,选择"鲜艳玫瑰素材",单击"打开"按钮,如图4-38所示。

图4-37 完成效果

图4-38 原始单色图像

(2)上述打开的文件为单色图像,需要将它变为可调整色彩的图像,必须将其转变成可调色的RGB模式。选择"图像"→"模式"→"RGB颜色"命令,如图4-39所示,将选定的图像变成RGB模式。

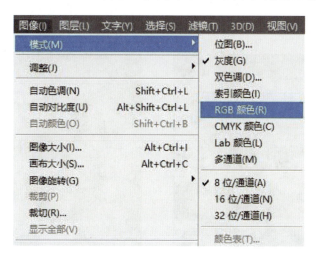

图4-39 转换成RGB颜色模式

（3）选择"图像"→"调整"→"色相/饱和度"命令，弹出"色相/饱和度"对话框，选择"全图"选项，然后选中"着色"复选框。将"色相"设置为360，"饱和度"设置为70，"明度"设置为10，如图4-40所示，单击"确定"按钮。

（4）选择"图像"→"调整"→"亮度/对比度"命令，弹出"亮度/对比度"对话框，设置其亮度与对比度参数，"亮度"设置为21，"对比度"设置为19，如图4-41所示。单击"确定"按钮，最终图像效果见图4-37。

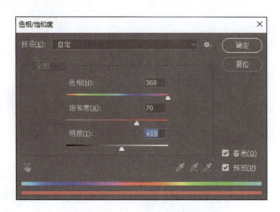 

图4-40 "色相/饱和度"对话框　　　　　　　图4-41 "亮度/对比度"对话框

（5）选择"文件"→"存储"命令或者按【Ctrl+S】组合键，保存文件。

【案例11】花蕊颜色调整

【案例11】
花蕊颜色调整

调整花蕊颜色，扫一扫二维码，可观看实操演练过程。

操作步骤如下：

（1）启动Photoshop CC，按住【D】键，设置前景色为黑色，背景色为白色。

（2）选择"文件"→"打开"命令，打开文件"花蕊颜色素材"，如图4-42所示。

（3）选择"图像"→"模式"→"RGB颜色"命令，将图像模式改为"RGB"颜色模式。

选择"图像"→"调整"→"色调均化"命令，提高图片的亮度，如图4-43所示。

图4-42 原始图像　　　　　　　　　　图4-43 "色调均化"后图像效果

（4）选择"图像"→"调整"→"替换颜色"命令，弹出"替换颜色"对话框，如图4-44所示，单击"吸管工具"选择花蕊，其中"颜色容差"设置为125，"色相"设置为"-83"，"饱和度"设置为"25"，"明度"设置为"0"，单击"确定"按钮，最终效果如图4-45所示。

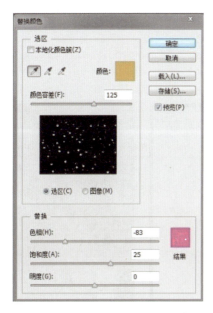

图4-44 "替换颜色"菜单命令

图4-45 最终效果

（5）选择"文件"→"存储"命令或者按【Ctrl+S】组合键，保存文件。

【案例12】圆环制作

制作图4-46所示的圆环。扫一扫二维码，可观看实操演练过程。

图4-46 圆环完成效果

操作步骤如下：

（1）选择"文件"→"新建"命令，在"新建"对话框中设置宽度和高度均为600像素，如图4-47

所示,单击"创建"按钮,创建新文件。

(2)选择"窗口"→"图层"命令,在"图层"面板中单击"创建新图层"按钮,新图层命名为"图层1";在工具箱中选择椭圆选框工具,在工作区绘制一个椭圆选区,如图4-48所示。

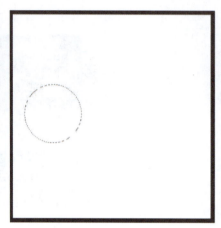

图4-47　新建文件　　　　　　　　　　图4-48　绘制椭圆选区

(3)设置前景色为蓝色,使用"油漆桶工具"按【Alt+Delete】组合键为椭圆选区填充前景色,如图4-49所示。

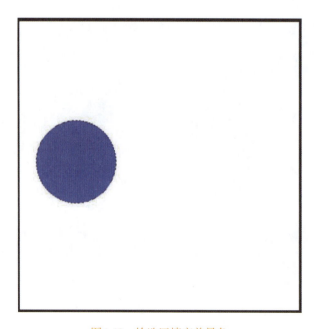

图4-49　给选区填充前景色

（4）选择"选择"→"变换选区"命令，按住【Alt+Shift】组合键的同时用鼠标按住变换选框右上角小方形符号并拖动缩小选框，如图4-50所示。

（5）按【Enter】键确定后，按【Delete】键删除中间部分，效果如图4-51所示。

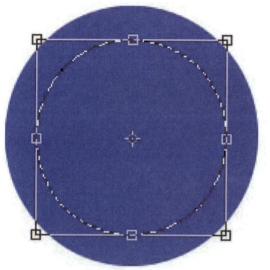

图4-50　缩小选区　　　　　　　　　　图4-51　删除中间部分

（6）按住【Ctrl】键的同时单击"图层"面板中的"图层1"，给"圆环"建立"选区"，然后选择"选择"→"修改"→"羽化"命令，弹出"羽化选区"对话框，设置"羽化半径"为"12"，如图4-52所示。

（7）选择"椭圆选框工具"，稍微向右上方移动选区，如图4-53所示。

图4-52　羽化选区　　　　　　　　　　图4-53　移动选区

（8）选择"图像"→"调整"→"色相/饱和度"命令，弹出"色相/饱和度"对话框，在其中进行适当设置，如图4-54所示。

（9）选择并拖动"图层1"到"图层"面板的"创建新图层"按钮上，复制得到"图层1副本"；拖动新复制的图像到适当位置后，单击"图层"面板中的"图层1副本"，选择"图像"→"调整"→"色相/饱和度"命令，调整色相、饱和度等，如图4-55所示。

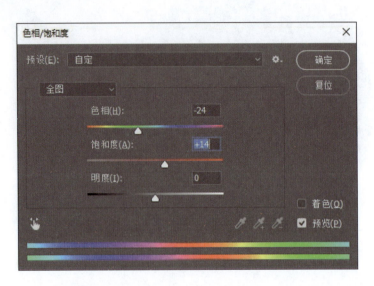

图4-54 使用"色相/饱和度"命令

图4-55 调整"色相/饱和度"

（10）使用相同的方法，得到第三个圆环，如图4-56所示。

（11）按住【Ctrl】键，同时单击"图层"面板中的"图层1"，建立选区后，再在"图层"面板中单击"图层1副本"（激活"图层1副本"），然后在工具箱中选择"橡皮擦工具"，擦除两个圆环上方"相交"部分，如图4-57所示。图像完成最终效果见图4-46。

单元4　色彩的调整

图4-56　复制得到3个圆环

图4-57　擦除"相交"部分

> ▶ 讨　论

"去色"命令的快捷键是什么？

> ▶ 课后动手实践

1. 设计"校运会五环"图标。
2. 制作早晚更替效果。
3. 调整风景图片色调。

4. 增加人物曝光度。
5. 提升图片内容清晰度。
6. 打造童话森林效果。
7. 打造季节变换的效果。
8. 打造花草枯萎效果。
9. 打造朦胧的红光效果。
10. 更换花束颜色。
11. 打造蛋糕的粉色调效果。

单元 5

图层的应用

知识目标：

了解图层的基本概念，熟悉图层的基本操作、图层组的管理、图层的编辑等，掌握图层混合模式、图层样式等高级特性应用，完成项目实训。

能力目标：

能熟练运用图层工具对图像进行编辑和修饰。

素质目标：

培养学生高度责任心和良好的团队合作精神，强调个人在团队中的责任感，使学生能够积极参与团队协作，与团队成员有效沟通，共同完成设计任务。

在Photoshop中，一幅图像通常是由不同类型的图层通过一定的组合方式自下而上叠放在一起组成的，它们的叠放顺序以及混合方式直接影响着图像的显示效果。所谓图层就好比一层透明的玻璃纸，透过这层纸，人们可以看到纸后面的内容，而且无论在这层纸上如何涂画，都不会影响到其他层中的内容。

5.1 图层的基础知识

1. "图层"面板和菜单

"图层"面板主要用于管理图像文件中的图层、图层组和图层效果,方便图像处理操作,以及显示或隐藏当前文件中的图像,还可以进行图像不透明度、模式设置,以及创建、锁定、复制和删除图层等操作。对图像的编辑操作大部分都要在"图层"面板中完成,因此"图层"面板成为图层操作的主要场所,"图层"面板可以用来选择图层、新建图层、删除图层、隐藏图层等。选择"窗口"→"图层"命令,或按【F7】键,打开"图层"面板,如图5-1所示,部分图标和图层的含义如下:

(1)眼睛图标 :单击眼睛图标可以显示或隐藏图层。当图标显示时,表示当前图层处于显示状态;当图标不显示时,则表示当前图层处于隐藏状态,任何图像编辑对此层不产生影响。

(2)添加图层样式 :单击此按钮,在下拉菜单中选择一种图层效果以应用于当前所选图层。

(3)添加图层蒙版 :单击此按钮,可以创建一个图层蒙版,用来修改图层内容。

图5-1 "图层"面板

(4)创建新组 :单击此按钮,可以创建一个新图层组。

(5)创建新图层 :单击此按钮,可以创建一个新图层。

(6)删除图层 :单击此按钮,可以删除当前图层。

(7)图层名称:为了识别方便,每个图层都可以定义一个名称来区分。默认名称为图层1、图层2……双击图层名称可以更改图层的名称。

(8)当前图层:在"图层"面板中加色显示的图层就是当前图层。一幅图像只有一个当前图层,通常编辑也只对当前图层有效。在"图层"面板中单击任意一个图层,该图层就变为当前图层。

(9)链接图层:有链接图标的图层为链接图层,它们之间有互相链接的关系,图层移动、旋转或变换操作时,链接图层也随之变化。如单独操作独立图层就要先解除链接。

(10)图层面板菜单 :单击此按钮,可以弹出图层面板的下拉菜单。

(11)不透明度:数值越小,图像越透明;数值越大,图像越不透明。

(12)锁定透明像素 :可以使当前图层中的透明区域保持透明。

(13)锁定图像像素 :可以使当前图层中不能进行图形绘制及其他命令操作。

(14)锁定位置 :可以将当前图层中的图像锁定,使之不被移动。

(15)锁定全部 :可使当前图层中不能进行任何编辑修改操作。

2. 图层的类型

"图层"面板中包含多种图层类型，每种类型的图层都有不同的功能和用途，各种图层的使用方法和创建过程都不相同，且有些图层之间还可以相互转换。

（1）背景图层：背景图层位于所有图层的最下方，是不透明的图层。背景图层和普通图层可以相互转换。双击背景图层，弹出"新建图层"对话框，单击"确定"按钮即可使背景图层转换为普通图层。

（2）普通图层：添加的图像或是新建的图层，它是可以应用所有命令及编辑功能的图层。选择"图层"→"新建"命令，或者按【Ctrl+Shift+N】组合键，或直接在"图层"面板中单击"创建新图层"按钮，即可创建普通图层。新建的普通图层通常是透明的，在把背景层隐藏后图层显示为灰白色方格。

（3）形状图层：形状图层是使用工具箱中的矢量图形工具在图像中创建各种图形后，"图层"面板中自动生成的图层，在图层前面缩略图的右侧是图层的矢量蒙版缩略图，当选择"图层"→"栅格化"→"形状"命令后，形状图层将转换为普通图层。

（4）蒙版图层：图层蒙版中颜色的变化可使其所在图层相应位置的图像产生透明效果。该图层中与蒙版的白色相对应的图像不产生透明效果，与蒙版的黑色部分相对应的图像产生完全透明效果，与蒙版的灰色部分相对应的图像可根据其灰度产生相应程度的透明效果，在蒙版图层缩略图右侧会显示一个黑白的蒙版图像。

（5）文字图层：文字图层是通过使用"文字工具"而产生的一种特殊图层，文字的输入内容就是图层的名称，并且在文字图层前方的缩略图中有一个文字工具标记，而单击图像上的该文字或双击文字图层均可进入文字的编辑状态，选择"图层"→"栅格化"→"文字"命令，可将当前文字图层转换为普通图层。

5.2 图层的编辑

1. 新建、复制、移动和删除图层

（1）新建图层：选择"图层"→"新建"→"图层"命令，弹出"新建图层"子菜单，可以创建图层、背景图层、组、从图层建立组、通过拷贝的图层、通过剪切的图层，如图5-2所示。也可以单击"图层"面板下方的"创建新图层"按钮，可在"图层"面板中直接建立一个新的图层。新创建的图层在默认情况下都位于当前图层的上方，并自动变为当前图层。按住【Ctrl】键的同时单击"新建图层"按钮，则可在当前图层的下方创建新图层。

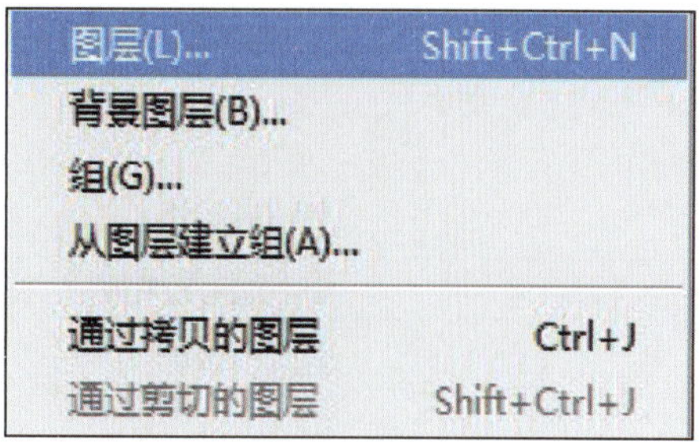

图5-2 "新建图层"子菜单

（2）复制图层：选择"图层"→"复制图层"命令，弹出"复制图层"对话框，输入需要的内容后单击"确定"按钮。或者在"图层"面板中拖动图层到"创建新图层"按钮上，释放鼠标，即可获得当前图层的复制图层。也可以按【Ctrl+J】组合键复制图层。

（3）移动图层：通过移动图层，可以改变图层间的相互关系，在"图层"面板中选择需要移动的图层或图层组，按住鼠标左键向上或向下拖动，待高光显示线出现在所需位置时，释放鼠标左键即可完成操作图层的移动。

（4）删除图层：选择"图层"→"删除"→"图层"命令，会显示提示框，单击"是"按钮将删除图层。也可以选择要删除的图层，将其拖动到"图层"面板的"删除"按钮上，或按住【Alt】键，单击"删除"按钮快速删除图层。

2. 图层的链接、对齐、合并

（1）图层的链接：按住【Ctrl】键，连续单击多个要链接的图层，单击"图层"面板中的"链接图层"按钮 ，则可以把所需的图层或图层组全部链接起来，在图层的旁边有一个链接图标，表示图层链接成功，当对一个链接图层进行编辑操作时，将会影响一组链接图层。如果要取消链接，可以选择链接图层，单击"链接图层"按钮即可。

（2）图层的对齐：选择图层链接时往往需要对选中的图层进行对齐操作，选择"图层"→"对齐"命令，弹出"对齐"子菜单，如图5-3所示，选择对齐的方式。

（3）图层的合并：选择"图层"→"向下合并"命令（快捷键为【Ctrl+E】），或者选择"图层"→"合并可见图层"命令（快捷键为【Shift+Ctrl+E】），或者选择"图层"→"拼合图像"命令，可以合并图层。

3. 图层的变换

选择"编辑"→"变换"命令，弹出"变换"子菜单，如图5-4所示，选择相应的命令可以对当前图层进行缩放、旋转、斜切、扭曲、透视、变形、旋转180度、顺时针旋转90度、逆时针旋转90度、水平翻转、垂直翻转等操作。图5-5所示为原始图像，图5-6所示为对图5-5进行变形后的效果图。

图5-3 "对齐"子菜单

图5-4 "变换"子菜单

图5-5 变形前图像

图5-6 变形后图像

选择"编辑"→"自由变换"命令,当前图层的图像周围出现8个控制点的变形方框,就可以随意对图层进行缩放和旋转变形,或者按【Ctrl+T】组合键,也可以随意调节变形。

4. 调整图层的不透明度

调整图层的不透明度可以让图像变得更加富有层次感,让画面更加生动。更改图层的不透明度就是更改图层的透明性。原本上方图层完全覆盖下方图层,在调整透明度后,当色彩变为半透明时会露出底部的颜色,不同程度的不透明度可以产生不同的效果,当然还和图层的混合模式有关。

5. 图层的编组

当图层比较多的情况下,可以将多个图层进行编组,以方便管理,图层组中的图层可以被统一进行移动或变换,也可以单独进行编辑。

选择"图层"→"图层编组"命令,或者按【Ctrl+G】组合键,可以对图层进行编组,如图5-7所示。编好组的图层也可以进行取消编组的操作,选择"图层"→"取消图层编组"命令,或者按【Shift+Ctrl+G】组合键即可。

图5-7 图层编组示意图

5.3 图层的混合模式

图层的混合模式是运用当前选定的图层与其下面的图层进行像素的混合计算,因为有各种不同的混合模式，产生的图层合成效果也就各不相同，从而使图像产生奇妙的效果。Photoshop CC提供了27种图层混合模式，它们全部位于"图层"面板左上角的"正常"下拉列表中。在图层的混合模式中，按住【Shift】键的同时，按【+】或【-】键可以快速切换当前图层的混合模式。各种模式的含义如下：

1．正常模式

正常模式是默认模式，这种模式上、下图层保持互不发生作用的关系，如果图层的不透明度设置为100%时，完全遮盖下方图层。当不透明度变为100%以下时，才会根据数值显示下面图层的内容，随着图层不透明度数值的降低，下方图层将显得越来越清晰，如图5-8所示。

图5-8　左下方图片正常模式示意图

2．溶解模式

溶解模式是在上方图层为半透明状态时，结果图像中的像素由上层图像中的像素和下一图层图像中的像素随机替换为溶解颗粒的效果。不透明度越低产生的效果越明显，溶解模式随机消失部分图像的像素，消失的部分可以显示背景内容，从而形成两个图层交融的效果。当"不透明度"小于100%时图层逐渐溶解，当"不透明度"为100%时图层不起作用。

3．变暗模式

变暗模式是以上方图层中较暗像素代替下方图层中较亮像素，且以下方图层中较暗像素代替上方图层中较亮像素，因此最终叠加的效果是整个图像呈暗色调。

4．正片叠底模式

正片叠底显示由上方图层及下方图层的像素值中较暗的像素合成的图像效果，使用此模式的效果比原图像的颜色深，在正片叠底模式下，任何颜色与黑色融合仍然是黑色，与白色融合则保持原来的效果不变。

5．颜色加深模式

颜色加深模式通常用于创建非常暗的阴影效果。下层图像依据上层图像的灰度程度变暗再与上层图层融合,通过增加对比度加深图像的颜色。

6. 线性加深模式

查看图层每个通道的颜色信息,加暗所有通道的基色,并通过提高其他颜色的亮度来反映混合颜色。此模式对白色无效。

7. 深色模式

两个图层混合后,通过上层图像中较亮的区域被下层图像替换来显示结果。

8. 变亮模式

变亮模式与变暗模式相反,选择上、下两个图层较亮的颜色作为结果图像的颜色,比上层图像中暗的像素被替换,比上层图像中亮的像素保持不变,因此叠加后整体图像呈亮色调,如图5-9所示。

图5-9 左下方图片变亮模式示意图

9. 滤色模式

滤色模式又称屏幕模式,与正片叠底相反。将上、下两个图层的颜色结合起来,然后产生比两种颜色都浅的结果。使用此模式的效果比原图像的颜色更浅,能够得到一种漂白图像中颜色的效果。

10. 颜色减淡模式

颜色减淡模式通过计算每个颜色通道的颜色信息,调整对比度而使下层像素颜色变亮来反映上层像素颜色。如果上层是黑色,那么混合时是没有变化的。

11. 线性减淡模式

线性减淡模式基于每一个颜色通道的颜色信息来加亮所有通道的基色,并通过降低其他颜色的亮度来反映混合颜色。此混合模式对于黑色无效。

12. 浅色模式

依据图像的饱和度,用当前图层中的颜色直接覆盖下方图层中高光区域的颜色。

13. 叠加模式

叠加模式将上一层图像颜色与下一层图像颜色进行叠加,保留高光和阴影部分。下一层图像比上层图像暗的颜色会加深，比上层图像亮的颜色将会被遮盖。

14．柔光模式

柔光模式可以产生柔光效果，可根据上层颜色的明暗程度决定颜色变亮还是变暗。当上层图像颜色比下层图像颜色亮时，结果图像则变亮；当上层图像颜色比下层图像颜色暗时，结果图像则变暗。

15．强光模式

强光模式与柔光类似，但效果比柔光更加强烈，有点类似于聚光灯投射在物体上的效果。

16．亮光模式

亮光模式是通过增加或减少对比度使颜色变暗或变亮，具体取决于混合色的数值。混合色比中性灰色暗，结果色就相应变暗，混合色比中性灰色亮，结果色就相应变亮。如果上层图像颜色比50%灰度亮，则通过降低对比度来加亮图像，反之，则加深图像。

17．线性光模式

线性光模式根据上层图像颜色增加或减少亮度来加深或减淡颜色。如果上层图像颜色比50%的灰度亮，则结果图像将增加亮度，反之，则图像将变暗。

18．点光模式

点光模式会根据混合色的颜色数值替换相应的颜色。如果混合色数值小于中性灰色，那么就替换比混合色亮的像素；相反混合色的数值大于中性灰色，则替换比混合色暗的像素。因此混合出来的颜色对比较大。

19．实色混合模式

实色混合是把混合色颜色中的红、绿、蓝通道数值，添加到基色的RGB值中。结果色的R、G、B通道的数值只能是255或0。选用实色混合模式，上层图像会和下一层图像中的颜色进行颜色混合，取消了中间色的效果。

20．差值模式

查看每个通道的数值，用基色减去混合色或用混合色减去基色。具体取决于混合色与基色哪个通道的数值更大。白色与任何颜色混合得到反相色，黑色与任何颜色混合颜色不变。

21．排除模式

与差值模式相似，但是具有高对比度和低饱和度，效果比较柔和。

22．减去模式

查看各通道的颜色信息，并从基色中减去混合色。如果出现负数就剪切为零。与基色相同的颜色混合得到黑色；白色与基色混合得到黑色；黑色与基色混合得到基色。

23．划分模式

查看每个通道的颜色信息，并用基色分割混合色。基色数值大于或等于混合色数值，混合出的颜色为白色。基色数值小于混合色，结果色比基色更暗。因此结果色对比非常强。白色与基色混合得到基色，黑色与基色混合得到白色。

24．色相模式

结果色保留混合色的色相，饱和度及明度数值保留明度数值。用上层图像的色相值和下层图像的亮度、饱和度创建结果图像的颜色。

25. 饱和度模式

饱和度模式是用混合色的饱和度以及基色的色相和明度创建结果色。使用下层图像的亮度、色相和上层图像的饱和度进行混合，若上方图层图像的饱和度为零，则图像没有变化。

26. 颜色模式

颜色模式是用混合色的色相、饱和度以及基色的明度创建结果色。这种模式下混合色控制整个画面的颜色，是黑白图片上色的绝佳模式，颜色模式可以看成饱和度模式和色相模式的综合效果。

27. 明度模式

明度混合模式是利用混合色的明度以及基色的色相与饱和度创建结果色。它跟颜色模式刚好相反，因此混合色图片只能影响图片的明暗度，不能对基色的颜色产生影响，黑、白、灰除外。黑色与基色混合得到黑色；白色与基色混合得到白色；灰色与基色混合得到明暗不同的基色。

5.4 图层样式

图层样式是应用于一个图层或图层组的一种或多种效果。可以应用Photoshop附带提供的某一种预设样式，或者使用"图层样式"对话框创建自定义样式。图层样式种类包括投影、内阴影、外发光、内发光、斜面和浮雕、光泽、颜色叠加、渐变叠加、图案叠加、描边等，它们可以让平面图像作出一些特殊效果，使图层更完美，但图层样式对背景层是无效的。

5.4.1 图层样式命令

为图层添加样式的方法有以下两种。

（1）单击"图层"面板中的"添加图层样式"按钮，弹出"图层样式"下拉菜单。

（2）选择"图层"→"图层样式"→"混合选项"命令，弹出"图层样式"对话框，如图5-10所示。

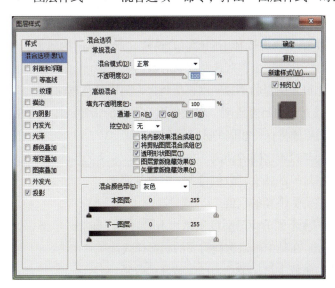

图5-10 "图层样式"对话框

5.4.2 图层样式效果

下面介绍常用的图层样式。

1. 投影

投影将为图层上的对象、文本或形状添加阴影效果，可以使平面图形产生立体感。投影参数有"混合模式""不透明度""角度""距离""扩展""大小""等高线""杂色"等，通过对这些参数的设置可以得到需要的效果。在"图层样式"对话框的左侧勾选"投影"复选框，其右侧会变为相应的投影选项，如图5-11所示。

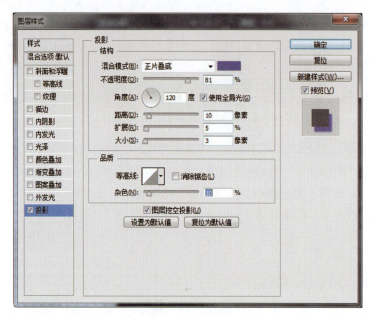

图5-11 "投影"对话框

"投影"样式中各项参数的含义如下：

（1）混合模式：在下拉列表中选择不同的混合模式，产生不同的效果。"混合模式"的色块表示阴影的颜色，单击色块可打开"拾色器"选择需要的颜色。

（2）不透明度：用来设置阴影的不透明度，值越大，阴影颜色越深。

（3）角度：用来设置光源的照射角度，用鼠标拖动圈内的指针或输入数值。如果勾选"使用全局光"复选框，可使所有图层效果保持相同的光线照射角度。

（4）距离：设置图层与投影之间的距离。

（5）扩展：用于调整效果的强度，数值越大，效果越明显。

（6）大小：用于调整阴影模糊的程度。

（7）等高线：用于产生不同的不透明度变化和不同的光环形状，单击"等高线"选项后面的下拉按钮，可打开等高线列表，在其中可以选择需要的阴影样式。

（8）杂色：在阴影的暗调中增加杂点，产生特殊的效果。

（9）图层挖空投影：设置是否将阴影与图层间进行挖空。

图5-12所示为使用样式前图像,图5-13是对图5-12使用"投影"后图像效果。

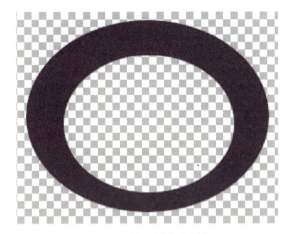

图5-12 使用样式前图像

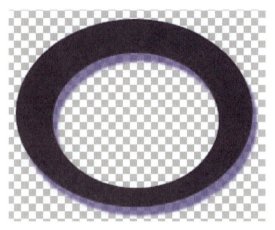

图5-13 使用"投影"后图像效果

2．内阴影

将在对象、文本或形状的内边缘添加阴影,让图层产生一种凹陷外观,内阴影效果对文本对象效果更佳,"内阴影"参数的设置与"投影"相似,不同的是利用"阻塞"选项可以设定阴影与图像之间内缩的大小。

3．外发光

外发光将从图层对象、文本或形状的边缘向外添加发光效果。参数设置如图5-14所示。

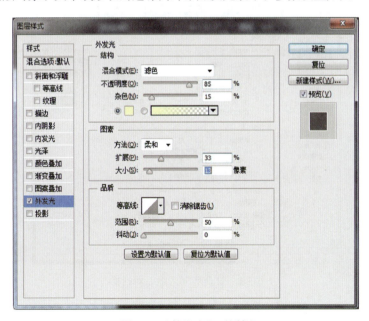

图5-14 "外发光"对话框

"外发光"样式中各项参数的含义如下:

(1)结构:混合模式、不透明度和杂色都与投影相似。单击结构左下方的"设置发光颜色"色块可打开"拾色器"选择光晕的颜色；单击右下方的"渐变色编辑器"色块可打开设置渐变色；单击下拉按钮，可在打开的渐变列表中查找选择渐变样式。

（2）图素包括以下几项："方法"用来设置软化蒙版的方法，可选择"柔和"和"精确"的方法产生光晕；"扩展"用来设置模糊之前的柔化程度；"大小"用来调节控制光晕大小。

（3）范围：用来设置等高线运用的范围。

（4）抖动：用来设置随机发光中的渐变。

图5-15所示为对图5-12使用"外发光"后图像效果。

4. 内发光

"内发光"效果是指在图层内容的边缘以内添加发光效果。"内发光"和"外发光"效果的选项几乎相同，不同的是"内发光"中"源"有"居中"和"边缘"两个光源选择。

图5-15　使用"外发光"后图像效果

（1）居中：从图层的图案中发光。

（2）边缘：从图层的图案边缘内发光。

（3）阻塞：设置模糊前减少图层蒙版。

5. 斜面和浮雕

使用"斜面和浮雕"样式，可以在图像上应用高光和阴影效果，从而创建出立体感或浮雕效果，将图像变形成阴刻或阳刻形态。参数设置如图5-16所示。

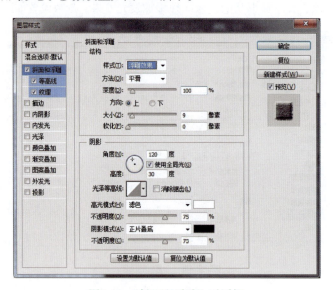

图5-16　"斜面和浮雕"对话框

"斜面和浮雕"样式中各项参数的含义如下：

"结构"设置：

（1）样式：用来设置斜面和浮雕的样式，样式分为五种类型，包括内斜面、外斜面、浮雕、枕形浮雕和描边浮雕。虽然它们的选项都是一样的，但是制作出来的效果却大相径庭。

- 外斜面：在图层内容的边缘以外创建斜面。
- 内斜面：在图层内容的边缘以内创建斜面。
- 浮雕效果：制作图层的浮雕效果。
- 枕状浮雕：创建本图层内容陷入下一图层中的浮雕效果。
- 描边浮雕：图层应用了描边功能，可以对描边部分做浮雕效果。

（2）方法：这个选项可以设置三个值，包括"平滑""雕刻清晰""雕刻柔和"，其中"平滑"是默认值，可以对斜角的边缘进行模糊，从而制作出边缘光滑的高台效果。

（3）深度：用来设置图层阴影的强度。"深度"必须与"大小"配合使用，"大小"一定的情况下，用"深度"可以调整高台的截面梯形斜边的光滑程度。方向有"上"和"下"两个选项，用来改变高光和阴影的位置。"软化"用来调节阴影的柔和程度。

"阴影"设置：

（1）角度：设定立体光源的角度。
（2）使用全局光：表示所有样式都受同一光源照射。
（3）高度：设定立体光源的高度。
（4）光泽等高线：设定阴影的外观形状，使选择的轮廓图明暗对比分布明确。
（5）高光模式：在该列表中可设置高光部分的混合模式。单击右边的色块可设置高光部分的颜色。
（6）阴影模式：设定立体化后暗调的模式，阴影层的默认混合模式是正片叠底，右边的颜色块可以设定暗部的颜色。下面用来设定暗部的不透明度。

等高线设置：在"图层样式"对话框左侧，勾选"等高线"复选框，对话框右侧则变为"等高线"的设置。在此设置斜面的等高线样式，拖动"范围"滑块可以调整应用等高线的范围。

纹理设置：纹理用来为图层添加材质，可设置图案、图案缩放大小、深度和反相等。当选中"与图层链接"复选框，可将图案与图层链接在一起，以便一起移动或变形。单击"贴近原点"按钮可将移动后的图案位置还原。"缩放"用于对纹理贴图进行缩放。"深度"用于修改纹理贴图的对比度，深度越大（对比度越大），层表面的凹凸感越强，反之凹凸感越弱。"反向"用于将层表面的凹凸部分对调。选中"与图层链接"选项可以保证层移动或者进行缩放操作时纹理随之移动和缩放。

图5-17所示为对图5-12使用"斜面和浮雕"后图像效果。

6. 光泽

光泽效果可以在图像上添加光源照射的光泽效果，使图像产生物体的内反射，创建光滑的磨光效果，类似于绸缎的表面反射效果，如图5-18所示。

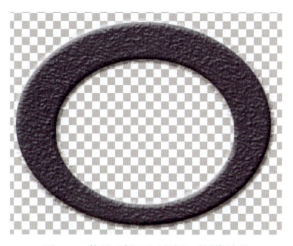

图5-17 使用"斜面和浮雕"后图像效果

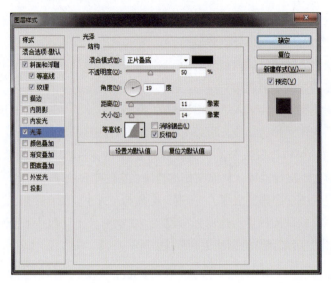

图5-18 "光泽"对话框

"光泽"样式中各项参数的含义如下：

混合模式、不透明度、等高线和反相设置和前面的设置相同。"角度"用于设置光泽效果实施的角度。"距离"用于设置光泽效果的偏移距离。"大小"用于控制实施光泽效果边缘的模糊程度。

7. 颜色叠加、渐变叠加、图案叠加

"颜色叠加""渐变叠加""图案叠加"三种图层效果都是直接在图像上填充像素，区别是填充的材质不同。"图案叠加"对话框如图5-19所示。

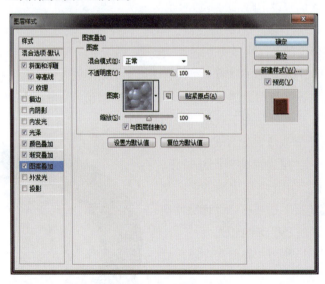

图5-19 "图案叠加"对话框

颜色叠加的作用实际上相当于为图层着色，可以为图层中的图像叠加一种自定义颜色。渐变叠加可以为图层中的图像叠加一种自定义或预设的渐变颜色，图案叠加可以为图层中的图像叠加一种自定义或预设的图案。

8. 描边

"描边"是使用颜色、渐变或图案沿着层中非透明部分的边缘描画对象的轮廓。在"图层样式"对话框左边勾选"描边"复选框,打开"描边"对话框,如图5-20所示。

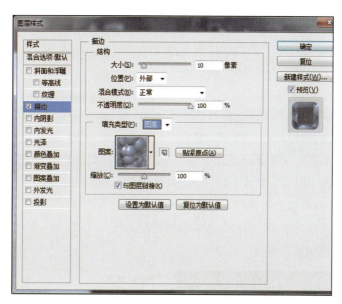

图5-20 "描边"对话框

"描边"样式中各项参数的含义如下:

(1)大小:设定描边的宽度,单位是像素。

(2)位置:设定描边的位置,分为外部、内部、居中三种方式。

(3)填充类型:分为颜色、渐变和图案三种类型。可以通过颜色选取选择颜色、渐变或图案。

图5-21所示为对图5-12使用"描边"后图像效果。

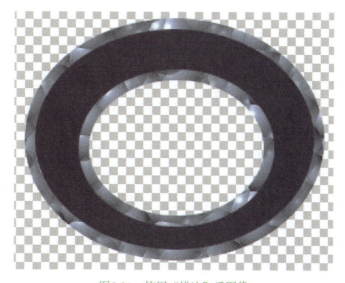

图5-21 使用"描边"后图像

5.5 填充图层和调整图层

在Photoshop中，可以创建填充图层和调整图层。填充图层有渐变、图案和纯色三种。调整图层用来对图像进行颜色调整，而且不会对图像本身有任何影响。

1. 填充图层

填充图层与普通图层具有相同颜色混合模式和不透明度，也可以进行图层的顺序调整、隐藏、复制、删除等常规操作。选择"图层"→"新建填充图层"命令，如图5-22所示，或者单击"图层"面板中的"创建新的填充或调整图层"按钮。均可以选择渐变、图案和纯色进行填充，如图5-23所示，在"模式"下拉列表中选择图层的混合模式，更改"不透明度"等获得特殊效果。

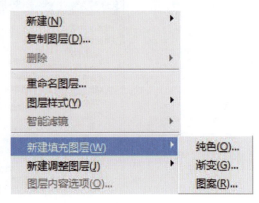

图5-22 "新建填充图层"子菜单

图5-23 渐变填充图层及对话框

2. 调整图层

在Photoshop CC的"图层"面板中，所有图层都是按一定顺序排列的，如果调整图层的顺序，在图层顺序变化的同时图像效果也将发生相应变化，通过调整图层顺序可以改变图像的位置，从而制作出不同的图像效果。"图层"面板中的堆放顺序决定图层或图层组的内容是出现在图像中其他图层内容的前面还是后面。如果要更改图层或图层组的顺序，在"图层"面板中，将图层或图层组向上或向下拖移。单击"图层"面板中的"创建新的填充或调整图层"按钮，可以快捷、有效地为当前图像添加调整图层，而不必通过执行烦琐的命令与设置对话框。

选择"图层"→"新建调整图层"命令，弹出的子菜单中包括"亮度/对比度""色阶""曲线""曝光度""色相/饱和度""色彩平衡""通道混合器""反相"等命令。所有设置都在"调整"面板中进行。

在创建的调整图层中进行各种色彩调整，效果与对图像执行色彩调整命令相同。并且在完成色彩调整后，还可以随时修改及调整，而不用担心会损坏原来的图像。默认情况下调整图层的效果对所有调整图层下面的图像图层都起作用。

3. 编辑图层内容

在创建填充和调整图层之后，可以对图层内容进行编辑。在"图层"面板中，双击新的填充或调整图层的缩略图，在面板中进行进一步的调整即可。选择"图层"→"图层内容选项"命令，进行相应的更改和调整图层内容。

【案例13】树叶人脸效果

制作人物与另一形状的组合效果，如图5-24所示。扫一扫二维码，可观看实操演练过程。

图5-24 "树叶人脸"完成效果

操作步骤如下：

（1）启动Photoshop CC，选择"文件"→"打开"命令或者按【Ctrl+O】组合键，弹出"打开"对话框。打开图像文件"人脸"和"树叶"素材文件，如图5-25和图5-26所示。

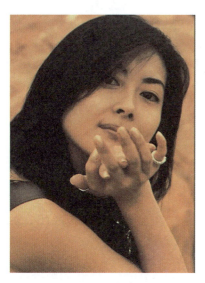

图5-25 人脸　　　　　　　　　图5-26 树叶

（2）选择"移动工具"将"人脸"拖至"树叶"中，形成新的图层，命名为"图层1"，并将"图层1"移动到图层"Layer1"下面，如图5-27所示。

图5-27　"图层"面板

（3）单击"Layer1"使其成为当前编辑图层，使用"魔棒工具"在图像编辑窗口中单击"Layer1"图层的空白处，选中叶子图像的空白处，如图5-28所示。

（4）选择"图层1"作为当前编辑图层，按【Delete】键删除选区内的部分，得到图5-29所示的效果。

图5-28　建立选区　　　　　　　　　　　图5-29　删除选区

（5）按【Ctrl+D】组合键取消选区，单击"Layer1"图层，使其成为当前编辑图层，将该图层设置为不可见，即将"指示图层可见性"图标关闭，如图5-30所示，最终效果见图5-24。

单元5　图层的应用

图5-30　"图层"面板

【案例14】制作水晶按钮

制作图5-31所示的水晶按钮。扫一扫二维码，可观看实操演练过程。

操作步骤如下：

（1）启动Photoshop CC，新建一个宽为400像素、高为350像素的文件，背景填充为白色，设置如图5-32所示。

【案例14】
制作水晶按钮

图5-31　水晶按钮最终效果图

图5-32　"新建"对话框

（2）单击"图层"面板中的"新建图层"按钮，并将新图层命名为"按钮"，用"矩形选框工具"绘制一个矩形并填充为黑色，如图5-33所示。

图5-33　黑色矩形选框

107

（3）按【Ctrl+D】组合键取消选区，双击"按钮"图层，弹出"图层样式"对话框，设置"渐变叠加"参数，如图5-34所示。

（4）单击"渐变叠加"区域中的渐变颜色，弹出"渐变编辑器"对话框，在色标位置为0%时，颜色设置为"D6EAF7"；位置为25%时，颜色设置为"C2D4E0"，位置为52%时，颜色设置为"B5C6D0"；位置为53%时，颜色设置为"D8E1E7"；位置为100%时，颜色设置为"EFF4F7"，如图5-35所示。

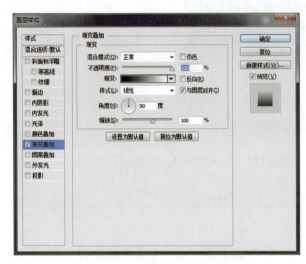
图5-34 设置"渐变叠加"

图5-35 "渐变编辑器"对话框

（5）在"图层样式"对话框左侧勾选"内发光"复选框，设置发光颜色为白色，如图5-36所示。

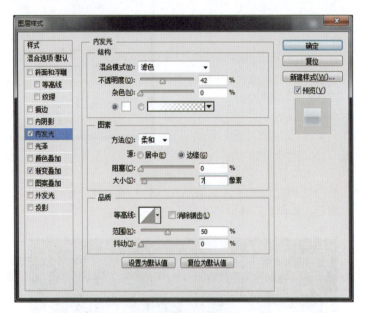
图5-36 设置"内发光"

（6）在"图层样式"对话框左侧勾选"描边"复选框，设置描边颜色为淡蓝色，如图5-37所示。

单元5 图层的应用

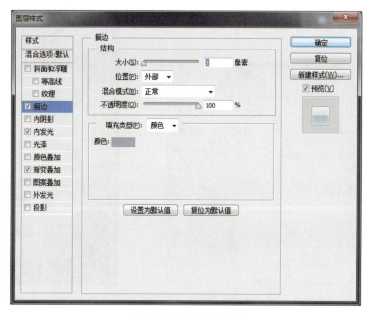

图5-37 设置"描边"

(7)单击"确定"按钮,最终效果见图5-30。只要设置渐变的色彩就可以改成其他颜色的按钮。

【案例15】在台阶上添加图案

制作图5-38所示的在台阶上添加图案效果。扫一扫二维码,可观看实操演练过程。

图5-38 在台阶上添加图案最终效果

操作步骤如下:

(1)启动Photoshop CC,打开"台阶"文件和需要添加到台阶上的"图案"文件,如图5-39和图5-40所示。

图5-39 "台阶"文件　　　　　　　　图5-40 "图案"文件

（2）将"图案"用"移动工具"拖到"台阶"文件中，按【Ctrl+T】组合键对图片进行调整，使图案和台阶的方向一致，如图5-41所示。

（3）将图案的不透明度调整为60%，如图5-42所示。

图5-41 调整后的图案　　　　　　　图5-42 调整不透明度为60%

（4）选择"多边形套索工具"，选取台阶的一个面按【Ctrl+X】组合键剪切，按【Ctrl+V】组合键粘贴到一个新的图层。然后将每个台阶面上的图案都剪切到一个新的图层中，并把图层的混合模式改为叠加，完成后的效果如图5-43所示。

（5）对每一个台阶面上的图案进行调整。按【Ctrl+T】组合键选中图案，按住【Ctrl】键的同时使用"变形工具"，通过四个角上的控制点调整变形，如图5-44所示。

图5-43 改变图层的混合模式

图5-44 调整变形效果

（6）调整台阶的明暗度，让图案和台阶更好地融合。按住【Ctrl】键的同时单击图案，得到选区，填充黑色，然后把不透明度设置为50%，给图层添加图层蒙版，用"画笔工具"把右侧涂掉一些，使图案更自然。用相同的方法给不同的面进行明暗的处理，完成后的效果见图5-38。

【案例16】正方体制作

制作图5-45所示的水中倒影效果。扫一扫二维码，可观看实操演练过程。

操作步骤如下：

（1）选择"文件"→"新建"命令或者按【Ctrl+N】组合键，弹出"新建"对话框，进行

【案例16】
正方体制作

适当设置，将"宽度"和"高度"都设置为700像素，其他为默认设置，如图5-46所示，单击"确定"按钮后创建新文件。

图5-45　正方体完成效果图　　　　　　　　　　图5-46　新建文件

（2）设置"前景色"为淡蓝色（R：45，G：163，B：231），如图5-47所示，"背景色"为（R：65，G：105，B：151），如图5-48所示。选择"渐变工具"，在渐变工具属性栏中单击渐变设置按钮，在弹出的对话框中选择"前景色到背景色渐变"选项，在新文件中从上到下拉出渐变色，效果如图5-49所示。

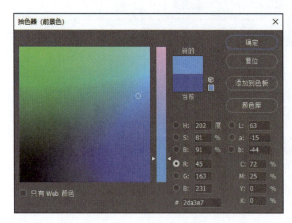
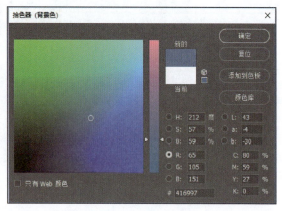

图5-47　"前景色"设置　　　　　　　　　　图5-48　"背景色"设置

（3）单击"图层"面板中的"创建新图层"按钮，新图层命名为"图层1"；选择"矩形选框工具"，在画面中绘制一个"矩形选区"，设置"前景色"为"白色"，按【Alt+Delete】组合键为"矩形选区"填充颜色，按【Ctrl+D】组合键取消选区，如图5-50所示。

图5-49 渐变填充

图5-50 绘制矩形

（4）点按并拖动"图层1"到"图层"面板的"创建新图层"按钮上，复制"图层1"，得到"图层1拷贝"，然后将"图层1拷贝"移动到"右边"，按【Ctrl+T】组合键，然后按住【Ctrl】键的同时调整透视变形，同时将"图层1拷贝"载入选区，将"前景色"设置为（R：79，G：80，B：82），"背景色"设置为"白色"，然后从左往右拉，效果如图5-51所示，按【Ctrl+D】组合键取消选区。

（5）再复制"图层1"得到"图层1拷贝2"，将其移动到上面，按【Ctrl+T】组合键，然后按住【Ctrl】键的同时调整透视变形，将"前景色"设置为（R：200，G：201，B：204），"背景色"设置为"白色"，然后从左往右拉，效果如图5-52所示。

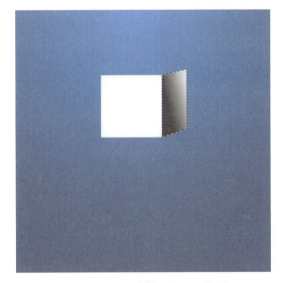
图5-51 正方体"侧面"绘制

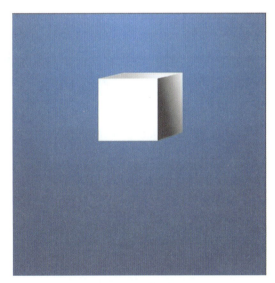
图5-52 正方体"顶面"绘制

（6）再次复制"图层1"和"图层1拷贝"各一次，单击"图层"面板的弹出菜单按钮，选择"合并可见图层"命令或按【Shift+Ctrl+E】组合键，将刚复制的两个图层合并后拉到下面，效果如图5-53所示。

（7）单击"图层"面板中的"添加图层蒙版"按钮，选择"渐变工具"，在刚复制的图形中从下往上拉,并将图层的不透明度设置为68%,制作"倒影效果",最后的效果见图5-45。按【Shift+Ctrl+E】组合键合并所有图层,选择"文件"→"存储"命令或者按【Ctrl+S】组合键,保存文件。

图5-53 复制并调整后的效果

讨 论

使用什么样式?

课后动手实践

1. 正方体制作。
2. 合并与盖印图层。
3. 制作彩色渐变人像图片。
4. 制作英文浮雕文字。
5. 制作五彩人像图片。

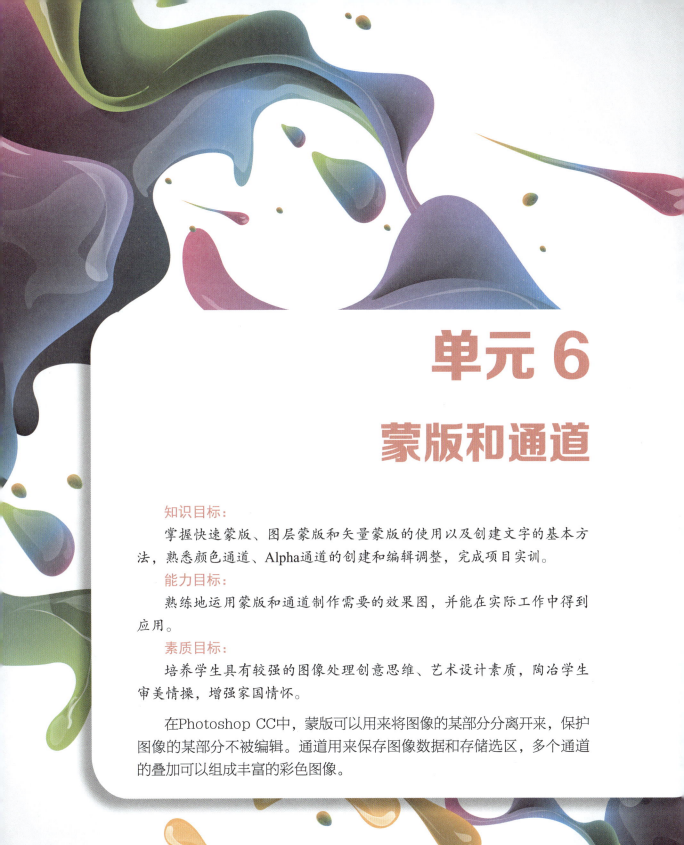

单元 6

蒙版和通道

知识目标：

掌握快速蒙版、图层蒙版和矢量蒙版的使用以及创建文字的基本方法，熟悉颜色通道、Alpha通道的创建和编辑调整，完成项目实训。

能力目标：

熟练地运用蒙版和通道制作需要的效果图，并能在实际工作中得到应用。

素质目标：

培养学生具有较强的图像处理创意思维、艺术设计素质，陶冶学生审美情操，增强家国情怀。

在Photoshop CC中，蒙版可以用来将图像的某部分分离开来，保护图像的某部分不被编辑。通道用来保存图像数据和存储选区，多个通道的叠加可以组成丰富的彩色图像。

6.1 蒙版的创建与基本操作

6.1.1 蒙版及类型

蒙版是将不同灰度色值转换为不同的透明度,并作用到它所在的图层,使图层不同部位的透明度产生相应变化。黑色为完全透明,白色为完全不透明。蒙版相当于在原来图层上加了一个看不见的图层,可以使原来图层部分内容被遮盖住,对图像操作时这部分内容不受影响。蒙版也可以看成一种选区,但它与常规选区不一样。图像上加了普通选区,就可以对所选的区域进行处理。蒙版却相反,它能对所选的区域进行保护,让其免于操作,而对选区的外部进行操作。当需要给图像的某些区域运用颜色变化、滤镜或者其他效果时,蒙版可以用来保护图像中不被编辑的部分。蒙版是一个灰度图像,可以用画笔工具、橡皮工具和部分滤镜对其处理。

蒙版分为三类:快速蒙版、图层蒙版和矢量蒙版,每类蒙版都有其独特的作用。快速蒙版提供了精确选取的可能,图层蒙版提供了针对图像局部区域的无损伤的调整方式,矢量蒙版则将矢量形状调整与图层紧密地结合起来。

6.1.2 快速蒙版

Photoshop CC的快速蒙版是编辑选区的临时环境,可以辅助用户创建选区。快速蒙版应用较为广泛,尤其在制作一些颓废效果或滤镜纹理时非常实用。可以对快速蒙版涂抹的区域执行滤镜操作,可以生成更为复杂的选区。通过创建快速蒙版,可以在图像上创建一个半透明的图像,在快速蒙版模式下可以把任何选区作为蒙版进行编辑,而把选区作为蒙版来编辑的优点是几乎可以使用任何工具或滤镜来修改蒙版,这样就大大方便了编辑操作。例如,在图像上创建一个选区,进入快速蒙版模式后,可以使用"画笔工具"扩展或收缩选区,使用滤镜设置选区边缘等。在快速蒙版上进行的任何操作都只作用于蒙版本身,而不会影响到图像。在快速蒙版模式中编辑时,所有蒙版编辑都是在图像窗口中完成的。

1. 创建快速蒙版

单击"图层"面板中的"添加图层蒙版"按钮,即可创建图层蒙版。当图像中存在选区时,在工具箱中单击"以快速蒙版模式编辑"按钮,就可以进入快速蒙版编辑状态,快捷键为【Q】,因为"快速蒙版"工具操作时不会影响图像,只会生成相应的选区。按快捷键【Q】添加快速蒙版后,背景颜色会恢复到黑白状态,同时在"通道"面板中生成一个快速通道。用画笔或橡皮工具涂抹、擦除时会留下一些红色透明的区域,这些区域就是我们需要的选区部分。再按【Q】键时,会把涂抹的部位变成反选选区。在默认状态下,选区内的图像为可编辑区域,选区外的图像为受保护区域。当前景色设置为黑色,在图像中涂抹,可增加蒙版选区;当前景色设置为白色,在图像中涂抹,可减少蒙版选区。

2. 更改蒙版颜色

蒙版颜色指的是在图像中保护某区域的透明颜色,默认状态下为红色,透明度为50%,双击"以快速蒙版模式编辑"按钮,弹出"快速蒙版选项"对话框,如图6-1所示。

"快速蒙版选项"对话框中各选项的含义如下:

（1）色彩指示：用来设置在快速蒙版状态时遮罩显示位置。"被蒙版区域"表示快速蒙版中有颜色的区域代表被蒙版的范围，没有颜色的区域则是被选取的范围。"所选区域"表示快速蒙版中有颜色的区域代表选区范围，没有颜色的区域则是被蒙版的范围。

（2）颜色：用来设置当前快速蒙版的颜色和透明度，单击颜色图标可以修改蒙版的颜色。

图6-1 "快速蒙版选项"对话框

3. 编辑快速蒙版

在默认状态下，进入快速蒙版模式的编辑状态时，使用深色在可编辑区域填充时，就可将其转换为保护区域的蒙版；使用浅色在蒙版区域填充时，就可将其转换为可编辑状态。按【Ctrl+T】组合键可以调出变换框，此时可编辑区域的变换效果与对选区内的图像变换效果一致。

4. 退出快速蒙版

在快速蒙版状态下编辑完成后，单击"以标准模式编辑"按钮或者按【Q】键，会把涂抹的部位变成反选的选区。

6.1.3 蒙版面板

创建蒙版后，选择"窗口"→"属性"命令，打开图6-2所示的"蒙版"面板。

"蒙版"面板中各选项的含义如下：

（1）选择图层蒙版：选择建立的图层蒙版。

（2）添加矢量蒙版：用来为图像创建矢量蒙版或在矢量蒙版与图层蒙版之间切换。图像中不存在矢量蒙版时，只要单击该按钮，即可在该图层中新建一个矢量蒙版。

（3）浓度：用来设置蒙版中黑色区域的透明程度，数值越大，蒙版越透明。

（4）羽化：用来设置蒙版边缘的柔和程度。

（5）蒙版边缘：可以更加细致地调整蒙版的边缘，单击该按钮，弹出图6-3所示的"调整蒙版"对话框，设置各项参数即可调整蒙版的边缘。

图6-2 "蒙版"面板

图6-3 "调整蒙版"对话框

（6）颜色范围：用来重新设置蒙版的效果。

（7）反相：单击该按钮，蒙版中的黑色与白色可以进行对换。

（8）从蒙版中载入选区：单击该按钮，可以从创建的蒙版中生成选区，被生成选区的部分是蒙版中的白色部分。

（9）应用蒙版：单击该按钮，可以将蒙版与图像合并。

（10）停止/启用蒙版：单击该按钮可以使蒙版在显示与隐藏之间转换。

（11）删除蒙版：删除选择的蒙版缩略图，从"图层"面板中删除。

6.1.4 图层蒙版

图层蒙版是位图图像，与分辨率有关，它是由绘图或选框工具创建的，用来隐藏图层中某一部分图像。图层蒙版也可以保护图层透明区域不被编辑。图层蒙版的原理是使用一张具有256级色阶的灰度图（即蒙版）来屏蔽图像，灰度图中的黑色区域为透明区域，而图中的白色区域为不透明区域，由于灰度图具有256级灰度，因此能够创建细腻、逼真的混合效果。图层蒙版可以遮盖掉图层中不需要的部分，而不会破坏图层的像素。图层蒙版可以理解为在当前图层上面覆盖一层玻璃片，这种玻璃片有透明和黑色不透明两种，前者可以显示全部覆盖的图像，后者则可以隐藏部分覆盖的图像。用各种绘图工具在蒙版上（即玻璃片上）涂色，只能涂黑、白、灰色，涂黑色部分的蒙版变为不透明，看不见当前图层中被遮盖的图像，涂白色的部分则使涂色部分变为透明，可看到当前图层上的图像，涂灰色使蒙版变为半透明，透明的程度由涂色的深浅决定。

图层蒙版不会对图层中的图像进行破坏，在图像编辑中往往需要根据不同的应用目的在图像中创建不同的蒙版，创建的图层蒙版可以分为整体蒙版和选区蒙版。

1. 创建整体图层蒙版

创建一个对当前图层进行覆盖的蒙版的方法如下：

（1）选择"图层"→"图层蒙版"→"显示全部"命令，此时在"图层"面板的该图层上便会出现一个白色蒙版缩略图，此蒙版为透明效果。

（2）在"图层"面板中按住【Alt】键，单击"添加图层蒙版"按钮，可以快速创建一个黑色蒙版缩略图，此蒙版为不透明效果，如图6-4所示。

图6-4 添加蒙版示意图

2. 选区蒙版

在图像的当前图层中已创建了选区，为该选区添加蒙版的操作步骤如下：

（1）编辑的图像中已建立了选区，选择"图层"→"图层蒙版"→"显示选区"命令，或单击"图层"面板中的"添加图层蒙版"按钮，则选区内的图像会被显示，选区外的图像会被隐藏。

（2）编辑的图像已建立了选区，选择"图层"→"图层蒙版"→"隐藏选区"命令，或在按住【Alt】键的同时单击"图层"面板中的"添加图层蒙版"按钮，则选区内的图像被隐藏，选区外的图像会被显示。

3. 图层蒙版链接与取消链接

创建蒙版后，默认状态下蒙版与当前图层中的图像处于链接状态，在图层缩略图与蒙版缩略图之间会出现一个链接图标。此时移动图像时蒙版会跟随移动，选择"图层"→"图层蒙版"→"取消链接"命令，或者单击图像缩略图与蒙版缩略图之间的图标，即可解除蒙版的链接，会将图像与蒙版之间的链接取消，此时图标会隐藏，移动图像时蒙版不跟随移动，在图标隐藏的位置单击即可重新建立链接。

4. 删除与应用图层蒙版

创建蒙版后，选择"图层"→"图层蒙版"→"删除"命令，可以将当前应用的蒙版效果从"图层"面板中删除，图像恢复为原来的效果。如果选择"图层"→"图层蒙版"→"应用"命令，则将当前应用的蒙版效果直接与图像合并。

5. 显示与隐藏图层蒙版

创建蒙版后，选择"图层"→"图层蒙版"→"停用"命令，或在蒙版缩略图上右击，在弹出的快捷菜单中选择"停用图层蒙版"命令，此时在蒙版缩略图上会出现一个红叉，表示此蒙版被停用。如果选择"图层"→"图层蒙版"→"启用"命令，或在蒙版缩略图上右击，在弹出的快捷菜单中选择"启用图层蒙版"命令，则重新启用蒙版效果。

6.1.5 矢量蒙版

"矢量蒙版"可在图层上创建锐边形状，因为矢量蒙版是依靠路径图形来定义图层中图像的显示区域。矢量蒙版中创建的形状是矢量图，可以使用钢笔工具和形状工具对图形进行编辑修改，从而改变蒙版的遮罩区域，也可以对其任意缩放而不必担心产生锯齿，也就是不会因放大或缩小操作而影响图像的清晰度。选区、画笔、渐变工具不能编辑矢量蒙版。矢量蒙版可在图层上创建边缘比较清晰的形状，使用矢量蒙版创建图层之后，还可以给该图层应用一个或多个图层样式，如果需要，还可以编辑这些图层样式。

1. 创建矢量蒙版

创建矢量蒙版的方法与创建图层蒙版的方法基本相同，只是矢量蒙版使图层隐藏是依靠路径图形来定义图像显示区域的。对矢量蒙版也是使用"钢笔工具"或"形状工具"对其路径进行编辑，如图6-5所示。

图6-5 "形状工具"属性栏

选择"图层"→"矢量蒙版"→"显示全部"命令或选择"图层"→"矢量蒙版"→"隐藏全部"命令，如图6-6所示，即可在图层中创建白色或黑色矢量蒙版。当在图像中创建路径后，选择"图层"→"矢量蒙版"→"当前路径"命令，即可在路径中建立矢量蒙版。创建矢量蒙版后可以用"钢笔工具"等矢量编辑工具对其进行进一步编辑。在"图层"面板中可以看到，矢量蒙版与图层蒙版的工作方式非常接近，不同的是矢量蒙版与图层蒙版右侧的缩略图内显示的是路径图形内容。路径内的部分为白色，表示该区域内的图层内容可见；路径外为灰色，表示此区域的内容被蒙版遮蔽，图像不可见。

图6-6 "矢量蒙版"子菜单

2. 矢量蒙版转换为图层蒙版

在Photoshop CC中，矢量蒙版不能应用绘图工具和滤镜等命令，可以将矢量蒙版转换为图层蒙版再进行编辑。需要注意的是，一旦将矢量蒙版转换为图层蒙版，就无法再将它改回矢量蒙版。在矢量蒙版缩略图上右击，在弹出的快捷菜单中选择"栅格化矢量蒙版"命令，即可将矢量蒙版转换为图层蒙版，也可选择"图层"→"栅格化"→"矢量蒙版"命令，将矢量蒙版转换为图层蒙版。

6.1.6 剪贴蒙版

剪贴蒙版是一组具有剪贴关系的图层，剪贴蒙版由两个以上图层构成，处于下方的图层称为基层，用于控制上方图层的显示区域，而其上方的图层称为内容图层。内容图层只显示基底图层中有像素的部分，其他部分隐藏，基底图层名称带有下画线，上层图层的缩略图（即内容层）是缩进的且在左侧显示有剪贴蒙版图标。选择"图层"→"创建剪贴蒙版"命令，便可将当前图层创建为其下方的剪贴图层。在每一个剪贴蒙版中基层只有一个，而内容图层则可以有若干个，剪贴蒙版形式多样，使用方便灵活。

6.2 通道及其基本操作

6.2.1 通道及类型

通道就是保存蒙版的容器，用来存储图像的颜色和选区的信息。在Photoshop CC中，通过"通道"面板可以快捷地创建和管理通道，如图6-7所示。所有图像都是由一定通道组成的。

通道的类型分为五种，分别是Alpha通道、颜色通道、复合通道、专色通道、矢量通道。

（1）Alpha通道：Alpha通道是为保存选择区域而专门设计的通道，可以将选区存储为灰度图像，也可以用来创建和保存图像的蒙版。新建的Alpha通道只有黑色或白色。

（2）颜色通道：一个图片被建立或者打开之后会自动创建颜色通道。编辑图像时，实际上就是在编辑颜色通道。这些通道把图像分解成一个或多个色彩成分，图像的模式决定了颜色通道的数量，主要用来记录图像颜色的分布情况，在创建一个新图像时自动创建。图像的颜色模式决定了所创建的颜色通道的数目。RGB模式有R、G、B三个颜色通道，CMYK图像有C、M、Y、K四个颜色通道，灰度图只有一个颜色通道，它们包含了所有将被打印或显示的颜色。

图6-7 "通道"面板

（3）复合通道：复合通道是由蒙版概念衍生而来，用于控制两张图像叠盖关系的一种简化应用。复合通道不包含任何信息，实际上它只是同时预览并编辑所有颜色通道的一个快捷方式。它通常被用来在单独编辑完一个或多个颜色通道后使"通道"面板返回到它的默认状态。

（4）专色通道：专色通道是一种特殊的颜色通道，它可以使用除了青色、洋红（又称品红）、黄色、黑色以外的颜色来绘制图像。在印刷中为了让自己的印刷作品与众不同，往往要做一些特殊处理。如增加荧光油墨或夜光油墨、套版印制无色系（如烫金）等，这些特殊颜色的油墨（又称"专色"）都无法用三原色油墨混合而成，这时就要用到专色通道与专色印刷了。

（5）矢量通道：为了减小数据量，人们将逐点描绘的数字图像再一次解析，运用复杂的计算方法将其上的点、线、面与颜色信息转换为简捷的数学公式，这种公式化的图形称为"矢量图形"，而公式化的通道，则称为"矢量通道"。矢量图形虽然能够成百上千倍地压缩图像信息量，但其计算方法过于复杂，转换效果也往往不尽如人意。因此只有在表现轮廓简洁、色块鲜明的几何图形时才有用武之地；而在处理真实效果（如照片）时则很少用。

6.2.2 通道的基本操作

通道的操作通常包括通道的创建、复制与删除、分离与合并、通道与选区互换等，下面进行详细介绍。

1. 创建通道

按住【Alt】键不放，单击"通道"面板中的"创建新通道"按钮，弹出图6-8所示的"新建通道"对话框。设置好参数及选项后单击"确定"按钮即可新建通道。也可以单击图6-7所示的"通道"面板右上角的菜单按钮，在弹出的菜单中选择"新建通道"命令，弹出图6-8所示的"新建通道"对话框，如果在图像中创建了选区，单击"通道"面板中的"创建新通道"按钮后，可将选区保存为Alpha通道。

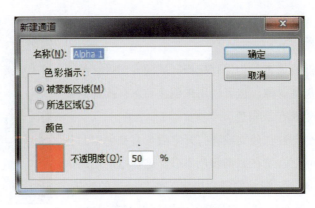

图6-8 "新建通道"对话框

"新建通道"对话框中各选项的含义如下:

(1)被蒙版区域:如果选中此单选按钮,将设定被通道颜色所覆盖的区域为遮蔽区域,没有颜色遮盖的区域为选区。

(2)所选区域:如果选中此单选按钮,则与"被蒙版区域"作用相反。

2．复制通道

右击需要复制的通道,在弹出的快捷菜单中选择"复制通道"命令即可。也可以选择要被复制的通道,单击"通道"面板右上角的菜单按钮,在弹出的菜单中选择"复制通道"命令,弹出"复制通道"对话框,设置通道名称、要复制通道存放的位置以及是否将通道内容反相等信息,然后单击"确定"按钮即可完成复制通道。也可以在"通道"面板中选中要复制的通道后,按住鼠标左键将其拖动到"新建通道"按钮上,也可以复制一个通道。

3．删除通道

右击需要删除的通道,在弹出的快捷菜单中选择"删除通道"命令即可。或者选中要删除的通道后,单击"通道"面板中的"删除当前通道"按钮,即可删除选中通道。

4．通道分离

通道分离就是将一个图片文件中的各个通道分离为多个单独的灰度图像,对其进行编辑处理。分离通道必须要有两个以上通道,以及如果文件中有两个以上图层必须先拼合图像为一个背景图层。分离通道可以将图像文件从彩色图像中拆分出来,并各自以单独的窗口显示,而且都为灰度图像。选中需要分离的图片文件后,单击"通道"面板右上角的菜单按钮,在弹出的菜单中选择"分离通道"命令即可。

5．通道合并

通道分离后的文件占用空间大,所以编辑完每个图像后应进行通道合并,合并通道就是将通道分别单独处理后,再合并起来,从而制作出各种特殊的图像效果。操作方法是:单击"通道"面板右上角的菜单按钮,在弹出的菜单中选择"合并通道"命令,弹出"合并通道"对话框,单击"确定"按钮,最后在"合并RGB通道"对话框中单击"确定"按钮即可。

6．通道作为选区载入

将通道作为选区载入就是把建立的通道中制作的内容作为选区载入到图层中。被载入的通道只能是自己创建的通道。任何Alpha选区通道都可以作为选区载入，在创建的通道完成后，选中该通道，单击"通道"面板中的"将通道作为选区载入"按钮完成。也可以选择"选择"→"载入选区"命令，弹出"载入选区"对话框，将通道作为选区载入。

7. 将选区存储为通道

在编辑图像时创建的选区常常会多次使用，此时可以将选区存储起来方便以后多次使用。载入选区时载入的就是存在于Alpha通道中的选区。单击"通道"面板中的"将选区存储为通道"按钮，或选择"选择"→"存储选区"命令，弹出图6-9所示的"存储选区"对话框，就可将当前选区存储到Alpha通道中。

图6-9 "存储选区"对话框

6.2.3 专色通道的使用

专色可以局部使用，也可作为一种色调应用于整个图像中，利用专色通道可以为图像添加专色，专色通道具有Alpha通道的一切特点。每个专色通道只是以灰度图形式存储相应专色信息，与其在屏幕上的彩色显示无关。

在"通道"面板右上角的弹出菜单中选择"新建专色通道"命令，弹出"新建专色通道"对话框，如图6-10所示。设置"油墨特性"中的"颜色"和"密度"后，单击"确定"按钮，可在"通道"面板中建立一个专色通道，如果"通道"面板中存在Alpha通道，只须双击Alpha通道的缩略图就可以打开"通道选项"对话框，选中"专色"单选按钮，单击"确定"按钮，就可将其转换成专色通道。专色通道创建后，可以使用各种编辑工具或滤镜对其进行相应的编辑。

图6-10 "新建专色通道"对话框

6.2.4 通道运算

使用通道运算命令可以将两个通道通过各种混合模式组成一个新通道。选择区域间可以有不同的算法，可以对图像每个通道中的像素颜色值进行一些算术运算，从而使图像产生一些特殊的效果。

1. "计算"命令

"计算"命令可以混合两个来自一个或多个源图像的单个通道，从而得到新图像或新通道或新选区。选择"图像"→"计算"命令，弹出"计算"对话框，如图6-11所示。

图6-11 "计算"对话框

"计算"对话框中各选项的含义如下：

（1）通道：用来指定源文件参与计算的通道，在"计算"对话框的"通道"下拉列表中选择通道。

（2）结果：用来指定计算后出现的结果，包括新建文档、新建通道和选区三种选择。

2. "应用图像"命令

"应用图像"命令可以将源图像的图层或通道与目标图像的图层或通道混合并将结果保存在目标图像的当前图层和通道中。"应用图像"命令对图像进行处理时，两个图像尺寸的大小以及分辨率等必须完全一致。选择"图像"→"应用图像"命令，弹出"应用图像"对话框，如图6-12所示。

图6-12 "应用图像"对话框

"应用图像"对话框中各选项的含义如下：

（1）源：用来选择与目标图像相混合的源图像文件。

（2）图层：可以选择源图像中需要的图层作为混合对象。

（3）通道：用来选择源文件参与混合的通道。

（4）反相：勾选后在混合图像时使用通道内容的负片。

（5）目标：当前的工作图像。

（6）混合：选择图像的混合模式。

（7）不透明度：设置图像混合效果的不透明度。

（8）保留透明区域：设置混合效果只应用于目标图层的不透明区域而保留原来的透明区域。

（9）蒙版：可以应用图像的蒙版进行混合，勾选该复选框，可以在下拉菜单中选择包含蒙版的图像、包含蒙版的图层、作为蒙版的通道。

【案例17】使用"贴入"命令创建日落风光

使用"贴入"命令创建图层蒙版，在图像"日落风光.jpg"上添加蒙版文字，并添加"斜面和浮雕"与"描边"的图层样式。扫一扫二维码，可观看实操演练过程。

操作步骤如下：

（1）打开图像文件"日落风光.jpg"和"贴入图片.jpg"，选中"日落风光.jpg"为当前编辑文件，在工具箱中选择"直排文字工具"，在工具属性栏中设置"字体"为"隶书"，"大小"为72点，在图像右边输入文字"日落风光"，如图6-13所示。

图6-13 输入文字效果图

（2）单击工具属性栏中的"确认"按钮，适当调整文字选区的位置，如图6-14所示。

（3）切换到"贴入图片.jpg"工作窗口，按【Ctrl+A】组合键将所有像素全部选中，再按【Ctrl+C】组合键将其复制到剪贴板中，如图6-15所示。

（4）切换到"日落风光.jpg"工作窗口，将文本"日落风光"载入选区，选择"编辑"→"贴入"命令，如图6-16所示，就可将剪贴板中云的图像粘贴到选区内，并创建蒙版，如图6-17所示。

图6-14 调整文字效果图

图6-15 贴入图片

图6-16 "贴入"命令

图6-17 "蒙版"效果图

（5）单击"图层"面板中的"添加图层样式"命令，分别添加"斜面和浮雕""描边"效果，并调整好合适的参数，并用"移动工具"上下移动蒙版图层，将出现不同的效果，最终调整图像效果如图6-18所示。

图6-18 "贴入"命令创建日落风光效果图

【案例18】使用"矢量蒙版"命令创建春色满园效果

使用"矢量蒙版"命令创建春色满园，扫一扫二维码，可观看实操演练过程。

操作步骤如下：

（1）启动Photoshop CC，打开素材文件"矢量蒙版图像.jpg"文档，如图6-19所示。

（2）打开素材文件"花朵.jpg"，选择"窗口"→"排列"→"平铺"命令，用"移动工具"将花朵拖动到"矢量蒙版图像.jpg"文件中，如图6-20所示。

视 频

【案例18】
使用"矢量蒙版"命令创建春色满园效果

图6-19 矢量蒙版图像

图6-20 矢量蒙版图像

(3)使用"钢笔工具"沿花朵绘制一个自由的路径形状,"钢笔工具"属性栏如图6-21所示,并用"添加锚点工具"和"删除锚点工具"以及"转换点工具"调整树叶形状。

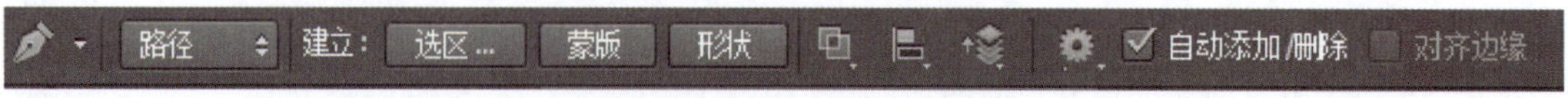

图6-21 "钢笔工具"属性栏

(4)单击"钢笔工具"属性栏中的"蒙版"按钮,使用"路径选择工具"选取刚才绘制的路径形状,按【Delete】键将路径删除,调整图像的"亮度/对比度"并将图层的不透明度设置为80%,如图6-22所示。

图6-22 使用"蒙版"效果图

(5)选择"直排文字工具",设置"字体"为"华文行楷","大小"为72点,"颜色"为黄色,在图像右边输入文字"春色满园"并调整合适的位置,如图6-23所示。

图6-23 春色满园效果图

【案例19】用通道作为选区载入的技术制作黄花效果

用通道作为选区载入的技术制作黄花效果。扫一扫二维码,可观看实操演练过程。

操作步骤如下:

(1)在Photoshop CC中打开图像"pic2.jpg",如图6-24所示。

(2)切换到"通道"面板,选择"红"通道,将其拖动到"创建新通道"按钮上,得到一个"红 副本"通道,如图6-25所示。

扫一扫

【案例19】
用通道作为选
区载入的技术
制作黄花效果

图6-24 通道作为选区载入原图像

图6-25 "通道"面板

(3)选择"图像"→"调整"→"色阶"命令,弹出"色阶"对话框,参数设置如图6-26所示。设置完成后单击"确定"按钮,效果如图6-27所示。

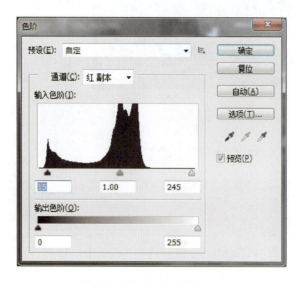

图6-26 "色阶"对话框

图6-27 "色阶"调整效果图

(4)按住【Ctrl】键不放,单击"绿 副本"通道,或者单击"通道"面板中的"将通道作为选区载入"按钮,则通道中浅色的部分作为选区显示出来。

(5)切换到"图层"面板,新建"图层1",设置前景色为(R:154,G:168,B:143)。用"油漆桶工具"填充选区,按【Ctrl+D】组合键撤销选区,效果如图6-28所示。

图6-28 通道作为选区载入效果图

【案例20】照片白天变黑夜

将一幅照片白天变黑夜。扫一扫二维码,可观看实操演练过程。

操作步骤如下:

(1)启动Photoshop CC,选择"文件"→"新建"命令,弹出"新建"对话框。输入新建图像的宽和高,如图6-29所示,然后单击"确定"按钮。

(2)按【D】键将前景色和背景色恢复为默认的黑白色,选择"滤镜"→"渲染"→"云彩"命令,得到的效果如图6-30所示。

(3)在工具箱中选择"渐变工具",设置渐变类型为线性渐变,渐变颜色为从前景色至透明,从文件的底部至顶部绘制渐变,得到的效果如图6-31所示。

【案例20】
照片白天变黑夜

图6-29　"新建"对话框　　　　　　　　　图6-30　"云彩"效果图

（4）选择"图像"→"调整"→"曲线"命令，或按【Ctrl+M】组合键，弹出"曲线"对话框，如图6-32所示。单击"确定"按钮，效果如图6-33所示。

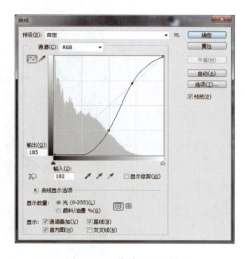

图6-31　"线性渐变"效果图　　　　　　　图6-32　"曲线"对话框

图6-33　使用"曲线"后效果

（5）单击"图层"面板中的"创建新图层"按钮，设置前景色为（R：218，G：221，B：209），设置背景色为（R：24，G：79，B：91），在工具箱中选择"渐变工具"，设置渐变类型为"线性渐变"，渐变颜色为从前景色至背景色，在其属性栏中设置混合模式为"滤色"，效果如图6-34所示。

图6-34　使用"滤色"效果

（6）在工具箱中选择"椭圆选框工具"，按住【Shift】键的同时在图像的右上方绘制一个圆选区，如图6-35所示。

图6-35　绘制圆选区

（7）新建一个图层"图层2"，设置前景色为白色，在工具箱中选择"渐变工具"，设置渐变类型为"线性渐变"，渐变色为从前景色至透明，从选区右侧至左侧绘制渐变，按【Ctrl+D】组合键取消选区，得到的效果如图6-36所示。

（8）单击"图层"面板中的"添加图层蒙版"按钮，为图层2添加图层蒙版，设置前景色为黑色，选择"画笔工具",在属性栏中设置合适的大小,在月亮周围进行涂抹,设置图层2的混合模式为"叠加","不透明度"为80%,得到的效果如图6-37所示。

图6-36 使用"线性渐变"效果

图6-37 使用"线性渐变"效果

(9)打开一幅白天拍摄的建筑物图片将其拖入上述文件中,得到图层3,如图6-38所示。在工具箱中选择"魔棒工具",将建筑物以外的部分选中,选择"选择"→"反向命令"或按【Ctrl+Shift+I】组合键将其反选,单击"添加图层蒙版"按钮为图层3添加图层蒙版,得到效果如图6-39所示。

(10)按【Ctrl+U】组合键,弹出"色相/饱和度"对话框,如图6-40所示。单击"确定"按钮,得到效果如图6-41所示。

(11)删除建筑物边缘留有的原图片的颜色。在工具箱中选择"魔棒工具",将天空层隐藏,然后选择建筑物层的空白部分,然后选择"选择"→"修改"→"扩展"命令,弹出"扩展选区"对话框,如图6-42所示。设置扩展量为4,使选择范围能够包含到需要校色的建筑物边缘。选择"图像"→"调整"→"色相/饱和度"命令，调整边缘的颜色。

图6-38　白天拍摄的建筑物图片

图6-39　添加"图层蒙版"效果

图6-40　"色相/饱和度"对话框

图6-41　使用"色相/饱和度"效果图

（12）选择"图像"→"调整"→"亮度/对比度"命令，弹出"亮度/对比度"对话框，设置参数如图6-43所示，调整不透明度，图像的最终效果如图6-44所示。

图6-42 "扩展选区"对话框

图6-43 "亮度/对比度"对话框

图6-44 白天变黑夜最终效果图

讨 论

蒙版分为哪三类？

课后动手实践

1. 用通道来扣选婚纱。
2. 制作印花。
3. 制作风景芭蕾女孩剪影。
4. 打造沙滩唯美照片。
5. 打造暖色调图片。
6. 抠取人物合成。

单元 7

文本编辑

知识目标：

掌握创建文字的基本方法，理解文字字符和段落属性的设置、路径文字的制作、变形文字，完成项目实训。

能力目标：

能够熟练使用工具进行文本图像的设计与制作。

素质目标：

通过欣赏和分析优秀的图像作品，培养学生具有良好的审美意识和艺术修养以及鉴赏能力。

在图像处理过程中，有时需要添加中文或英文文字，利用文字工具，可以方便准确地进行文字排版和变化，增加了文字的艺术效果，提高了图像的丰富程度。文字在Photoshop中是很特殊的图像结构，它由像素组成，与当前图像具有相同的分辨率，文字被栅格化以前，Photoshop会保留基于矢量的文字轮廓，即使对文字进行缩放或者调整文字大小，也不会因为分辨率的限制而出现锯齿。

7.1 输入文字

在工具箱中选择"文字工具组",弹出图7-1所示的菜单,其中包括"横排文字工具""直排文字工具""横排文字蒙版工具""直排文字蒙版工具"四种。

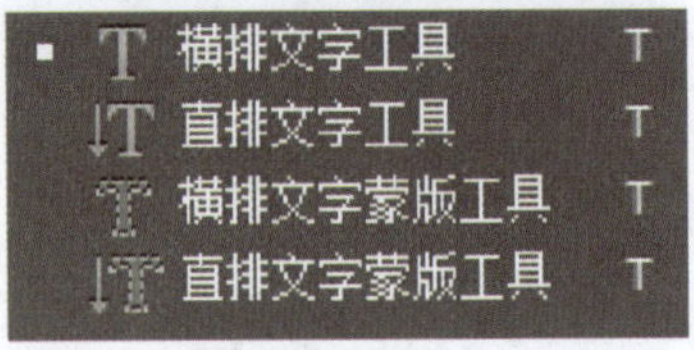

图7-1 文字工具组

1. 输入横排、直排文字

在工具箱中选择"横排文字工具",在工作窗口中想要输入文字的位置单击,这时光标会变成闪烁状,等待输入文字,可以输入水平方向的文字,系统将自动为所输入的文本单独创建一个图层。"横排文字工具"属性栏如图7-2所示。

图7-2 "横排文字工具"属性栏

"横排文字工具"属性栏中各选项的含义如下:

(1)切换文本取向:可将选择的水平方向的文字转换为垂直方向,或将垂直方向的文字转换为水平方向。

(2)设置字体系列:设置文本字体,单击其右侧的下拉按钮,在弹出的下拉列表中可以选择字体。

(3)设置字体样式:设置字体形态。

(4)设置文字大小:单击右侧的下拉按钮,在弹出的下拉列表中选择需要的字号或直接在文本框中输入字体大小值。

(5)设置消除锯齿的方法:可以通过填充边缘像素来产生边缘平滑的文字,在下拉列表中选择消除锯齿的方法。下拉列表中包括"无""锐利""犀利""浑厚""平滑"等方式。

(6)对齐方式:包括左对齐、居中对齐和右对齐,可以设置段落文字的排列方式。

(7)设置文本颜色:用来设置输入文本的颜色。单击可以打开"拾色器"对话框,从中选择字体颜色。

(8)创建文字变形:单击打开"变形文字"对话框,在对话框中可以设置文字变形。

(9)切换字符和段落面板:单击该按钮,可以显示或隐藏"字符"和"段落"面板,用来调整文字格式和段落格式。

(10)取消所有当前编辑:"取消"文字编辑按钮。

(11)提交当前所有编辑:单击该按钮,可以将正处于编辑状态的文字应用设置的编辑效果,也可以选择"移动工具"确定。

2. 输入段落文字

在输入段落文字之前,先利用"文字工具"绘制一个矩形定界框,再在属性栏、"字符"面板或"段落"面板中设置相应的选项,以限定段落文字的范围,在输入文字时,系统将根据定界框的宽度自动换行。输入一段文字后，按【Enter】键可以切换到下一段输入文字。

3. 输入蒙版文字

利用"横排文字蒙版工具"和"直排文字蒙版工具"可以制作文字形状的选区，系统不会自动创建图层。在工具箱中选择"直排文字蒙版工具"，然后在图像中文字开始的位置单击，利用文字蒙版工具输入文字时，图像呈淡红色、文字显示为透明的实体效果，如图7-3所示。

图7-3　蒙版文字

7.2　编辑文字

输入文字后，屏幕上出现的文本颜色是当前的前景色，或文字工具属性栏中出现的颜色，可以通过空格键、鼠标拖动选中等方式对文字进行编辑，也可以在文字之间进行插入等操作。另外可以改变文字的字体、大小、对齐方式、颜色等。如果要对某些文字进行改变，需要选中这些文字。

1. "字符"面板

在上节中已经介绍了"横排文字工具"属性栏，在Photoshop CC中还可以通过"字符"面板设置文字属性。选择"窗口"→"字符"命令，弹出"字符"面板，如图7-4所示，其中设置字体、字号和颜色的方法与文字工具属性栏中的相同，其他选项的设置方法如下：

（1）设置行距：用来设置文本中每行文字之间的距离。

（2）垂直缩放与水平缩放：用来设置对输入文字垂直或水平方向上的缩放比例，可以改变字形，拉长或者压扁文字。

（3）设置所选字符的比例间距：用于设置所选字符的间距缩放比例。数值越大，字符间压缩就越紧密。取值范围是0%~100%。

(4)设置字间距:用于设置文本中两个字符之间的距离。

(5)设置字距微调:用于设置相邻两个字符之间的距离。设置此选项时不需要选择字符,只需要在字符之间单击以指定插入点,然后设置相应的参数即可。

(6)基线偏移:用于设置文字由基线位置向上或向下的偏移程度。在输入文字后,可以选中一个或多个文字字符,使其相对于文字基线提升或下降。

(7)字符样式:单击不同按钮,可以完成对所选字符设置样式。从左至右分别是"加粗""倾斜""全部大写字母""小型大写字母""成为上标""成为下标""添加下画线""删除线"按钮。

(8)语言设置:可在此下拉列表中选择语言。

2."段落"面板

在创建段落文字时,文字基于定界框的大小自动换行。在图7-4所示的"字符"面板右侧单击"段落"标签,就可展开图7-5所示的"段落"面板,"段落"面板的主要功能是设置段落的对齐方式和缩进量。

图7-4 "字符"面板

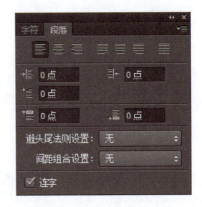

图7-5 "段落"面板

"段落"面板中各选项的含义如下:

(1)段落对齐:用于设置文本的对齐方式,分别为"左对齐""居中对齐""右对齐""最后一行左对齐""最后一行居中对齐""最后一行右对齐""全部对齐"。

(2)"左缩进":设置段落左侧缩进量。

(3)"右缩进":设置段落右侧缩进量。

(4)首行缩进:设置段落第一行的缩进量。

(5)段前加空格:设置每段文本与前一段之间的距离。

(6)段后加空格:设置每段文本与后一段之间的距离。

(7)避头尾法则设置:设置换行宽松或者严格。

(8)间距组合设置:设置段落内部字符的间距。

(9)连字:勾选此复选框后,将允许使用连字符连接单词。

3. 路径文字

路径文字指的是在创建路径的外侧创建文字,使文字显示动感的艺术效果。创建方法如下:

(1)新建图像文件后,用"钢笔工具"在图像中创建从左到右的一条路径。

(2)在工具箱中选择"横排文字工具",在属性栏中或"字符"面板中设置好文字的格式后将鼠标移动到路径上,单击后在光标的位置输入文字"路径文字",如图7-6所示。

图7-6　路径文字

(3)单击"路径选择工具",将鼠标移动到文字上,按下鼠标左键并拖动可以改变文字在路径上的位置,如图7-7所示。

图7-7　拖动后的路径文字

(4)按住鼠标左键向下拖动,就可以改变文字的方向和依附路径的顺序。

(5)在"路径"面板的空白处单击,将路径隐藏。

7.3 转换文字

1. 将文字转换为路径

选择"文字"→"创建工作路径"命令,可以将文字转换为路径,转换后,文字将以"工作路径"出现在"路径"面板中。在文字图层中创建的工作路径可以像其他路径一样存储和编辑,但不能将此路径形态的文字再作为文本进行编辑。将文字转换为工作路径后,原文字图层保持不变并可继续进行编辑,如图7-8所示。

图7-8 将文字转换为工作路径

2. 将文字转换为形状

选择"文字"→"转换为形状"命令,可以将文字图层转换为具有矢量蒙版的形状图层,此时,可以通过编辑矢量蒙版来改变文字的形状,或者为其应用图层样式,但是无法在图层中将字符再作为文本进行编辑,如图7-9所示。

3. 将文字层转换为普通层

许多编辑命令和编辑工具都无法在文字层中使用,必须先将文字层转换为普通层后才可使用相应命令,转换方法是在"图层"面板中右击要转换的文字层,在弹出的快捷菜单中选择"栅格化文字"命令,即可将其转换为普通层,如图7-10所示。

图7-9 将文字转换为形状　　　　图7-10 将文字层转换为普通层

7.4 变形文字

变形文字是指将正体文字通过光学元件或其他成像方式变成长、扁、斜等形状的文字。利用文字的变形命令，可以扭曲文字以生成扇形、弧形、拱形或波浪形等形态的特殊文字效果。

1. 通过"变换"菜单制作变形文字

在图像中输入文字后，选择"编辑"→"变换"命令，弹出图7-11所示的子菜单，其中有"旋转""缩放""斜切""水平翻转""垂直翻转"等子命令，可以进行相应的变形操作。也可以选择"编辑"→"自由变换"命令实现文字的变形，此时，在文字的周围会显示变形调节框，其操作类似于图像的变形操作，通过鼠标的拖动等操作实现文字的变形，如图7-12所示。

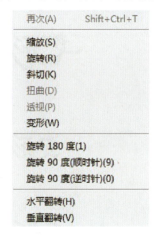

图7-11 变换子菜单

图7-12 自由变换示意图

2. 利用预设的样式制作变形文字

在图像中输入文字后，选择"文字"→"文字变形"命令，或者单击"文字工具"属性栏中的"创建文字变形"按钮，弹出图7-13所示的"变形文字"对话框。

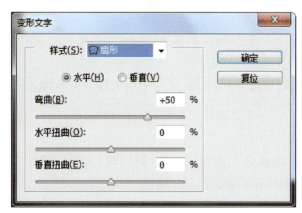

图7-13 "变形文字"对话框

“变形文字”对话框中各选项的含义如下：

（1）样式：在下拉列表中包含15种变形样式，如图7-14所示。

（2）水平和垂直：用于文本是在水平方向还是垂直方向上进行变形。

（3）弯曲：用于设置变形样式的文本弯曲的程度。

（4）水平扭曲和垂直扭曲：用于设置文本在水平或垂直方向上的扭曲程度。

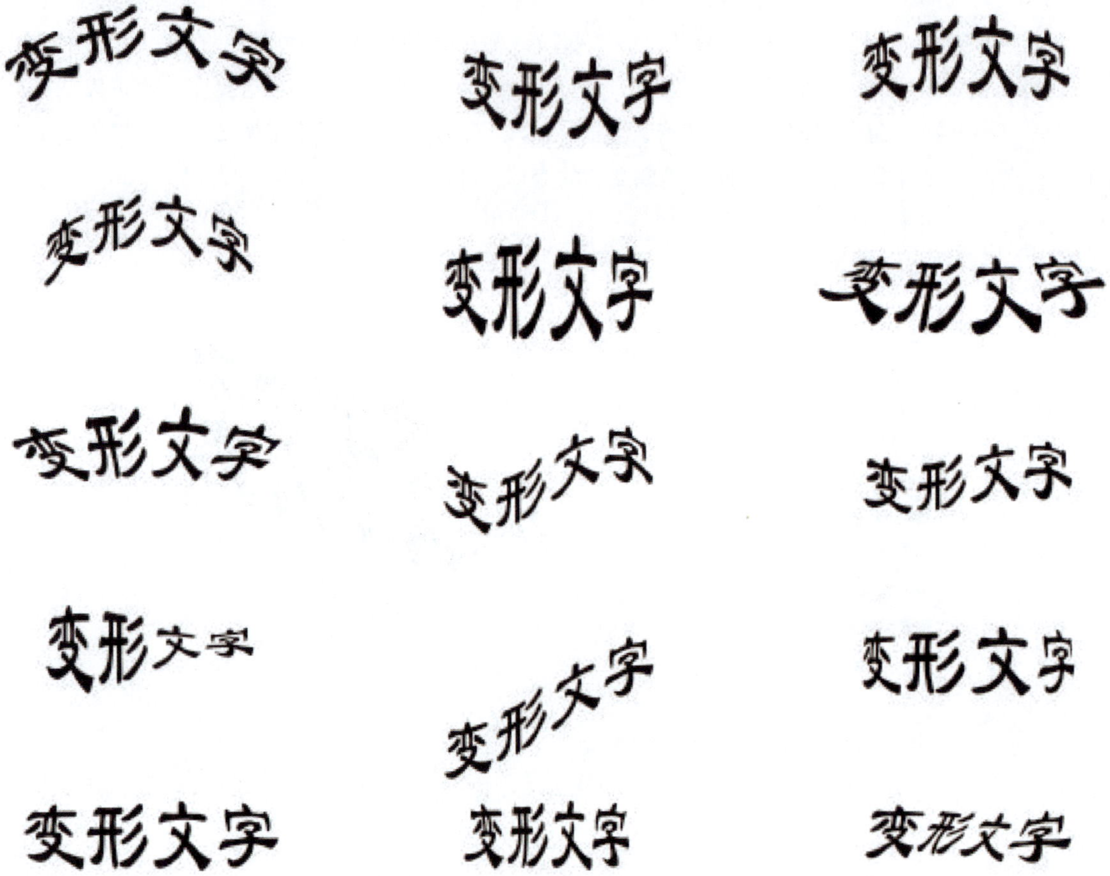

图7-14　文字变形的15种样式

【案例21】段落文字的创建和编辑实例

视　频

【案例21】段落文字的创建和编辑实例

制作段落文字，扫一扫二维码，可观看实操演练过程。

操作步骤如下：

（1）启动Photoshop CC，并新建一个文档，在工具箱中选择“横排文字工具”，在合适的位置按下鼠标左键并向右下角拖动，松开鼠标会出现文本定界框，如图7-15所示。

（2）输入文字，如图7-16所示。如果输入的文字超出文本定界框的范围，就会在文本定界框的右下角出现图标。

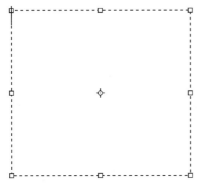

图7-15　段落文字输入示意图　　　　　图7-16　输入文字

（3）拖动文本定界框的控制点可以缩放文本定界框，此时改变的只是文本定界框，其中的文字并没改变大小。按住【Ctrl】键不放，然后拖动文本定界框的控制点可以缩放文本定界框，此时其中的文字也会跟随文本定界框一起变换，如图7-17所示。

（4）当鼠标指针移动到文本定界框4个角的控制点附近时，会出现旋转符号，拖动鼠标可以将其旋转，如图7-18所示。

图7-17　拖动文本定界框的控制点　　　　　图7-18　旋转文本定界框

（5）按住【Ctrl】键不放，将鼠标指针移动到文本定界框的4条边的控制点时，会变成斜切的符号，拖动鼠标可以将其扭曲变形，如图7-19所示。

图7-19　扭曲文本定界框

（6）选定文本内容后，选择"窗口"→"字符"命令，弹出"字符"面板，选项设置如图7-20所示，文本效果如图7-21所示。

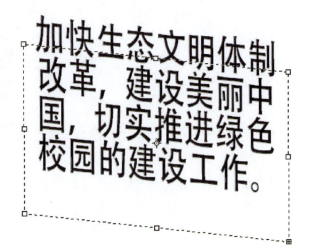

图7-20 设置"字符"面板　　　　　　　　图7-21 "字符"面板设置后文本效果

（7）在"字符"面板右侧单击"段落"标签，打开"段落"面板，按图7-22所示进行设置，文本效果如图7-23所示。

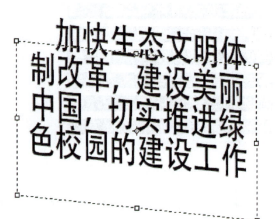

图7-22 设置"段落"面板　　　　　　　　图7-23 "段落"面板设置后文本效果

【案例22】花朵文字

制作图7-24所示的"花朵文字"。扫一扫二维码，可观看实操演练过程。

操作步骤如下：

（1）启动Photoshop CC，选择"文件"→"新建"命令，或者按【Ctrl+N】组合键，弹出"新建"对话框，设置参数如图7-25所示。单击"创建"按钮后创建新文件。

图7-24 花朵文字最终效果

图7-25 新建文件

(2)设置"前景色"为"白色",设置"背景色"为"蓝色"。选择"渐变工具",在属性栏中选择"径向渐变",将鼠标放在画布的正中央竖直向下拉出一个渐变,如图7-26所示。

(3)打开素材文件"花朵文字素材",选择"移动工具",将花朵图片拖动到图像文件中,生成"图层1",将其重命名为"花朵"。调整花朵图片,按【Ctrl+T】组合键对花朵进行变换,使花朵覆盖背景层,调整好后,按【Enter】键确认变换,如图7-27所示。

图7-26 "径向渐变"效果

图7-27 拖入花朵图片

（4）选择"横排文字工具"，选择自己喜欢的一种字体，将字号设置为"150点"，在图片上输入"广东理工"，如图7-28所示。

（5）将"广东理工"文字图层拖动到"花朵"图层与背景图层之间，选中文字图层，在按住【Alt】键的同时，将鼠标移动到文字图层，将其拖到"花朵"图层与背景图层之间，出现一个向下的小方框，单击一下，创建剪贴蒙版，"图层"面板如图7-29所示，创建的剪贴蒙版效果如图7-30所示。

图7-28　输入"广东理工"文字

图7-29　"图层"面板

图7-30　创建剪贴蒙版效果

(6)选中"文字图层",给文字图层添加"投影"图层样式,将颜色设置为"#c0c0c1","等高线"设置为"环形",如图7-31所示,单击"确定"按钮,最终效果见图7-24。

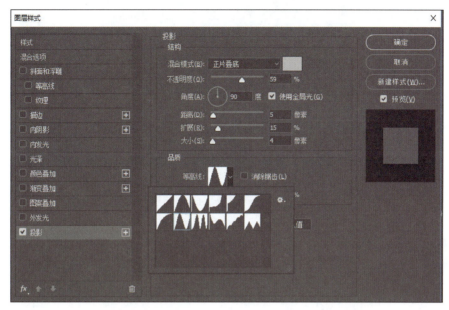

图7-31 投影图层样式

【案例23】制作邮票效果

制作图7-32所示的"邮票"效果。扫一扫二维码,可观看实操演练过程。

操作步骤如下:

(1)启动Photoshop CC,打开邮票素材图像文件,使用"矩形选框工具"选择部分图像,如图7-33所示,执行复制命令。

【案例23】制作邮票效果

图7-32 制作"邮票"的最终效果

图7-33 打开邮票素材图像文件

(2)将背景色选择为(R:255,G:69,B:0),新建一个文件,模式为RGB,内容选项设置为"背景色"。在新文件中粘贴复制的内容到图层1,如图7-34所示。

图7-34 新建文件并粘贴选区

（3）用"矩形选框工具"在图像窗口中建立略小于画布的选区，然后选择"选择"→"反向"命令（快捷键为【Shift+Ctrl+I】）将选区反选。

（4）选择"编辑"→"填充"命令，弹出"填充"对话框，设置填充色为"白色"，如图7-35所示，单击"确定"按钮后按【Ctrl+D】组合键取消选择，如图7-36所示。

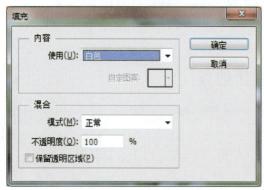

图7-35 "填充"对话框

图7-36 "填充"后效果

（5）按【Ctrl+A】组合键重新选取图像，打开"路径"面板，单击"从选区中生成路径"按钮，建立工作路径，如图7-37所示。

（6）设置前景色为"黑色"，在工具箱中选择"笔画工具"，打开"画笔"面板，设置画笔：直径为40，间距为190%，如图7-38所示。

（7）在"路径"面板中，单击"用画笔描边路径"按钮，描边后的效果如图7-39所示。

图7-37 建立工作路径

（8）打开"图层"面板，选择"图像"→"画布大小"命令，弹出"画布大小"对话框，设置宽度和高度均为108%，使画布向外扩展，画布扩展颜色为前景色，如图7-40所示。

单元7　文本编辑

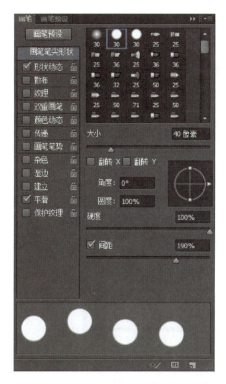

图7-38　"画笔"面板设置

图7-39　路径描边后的效果

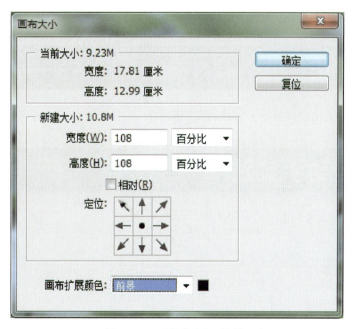

图7-40　"画布大小"对话框

（9）选择图层1，单击"图层"面板中的"添加图层样式"按钮，弹出"图层样式"对话框，设置该图层的投影样式，参数如图7-41所示。

151

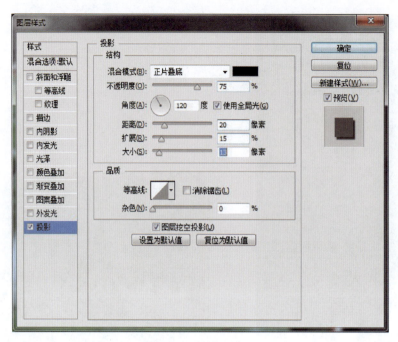

图7-41 "投影"设置

（10）在工具箱中选择"横排文字工具"，在其属性栏中设置字体为"Latha"、大小为18，颜色为白色，输入文字"80"，改变字体为仿宋，输入"分"。然后在图像左下方，改变字体为黑体，字体颜色为黑色，大小为24，输入文字"中国邮政"。最终效果如图7-32所示。

文字执行什么命令之前会保留基于矢量的文字轮廓？

课后动手实践

1. 设计精美的中国风景邮票。
2. 制作文艺图片。
3. 制作渐变色文字。
4. 制作图案文字。
5. 制作便签。
6. 制作绿色环保公益广告。
7. 设计个性文字。

单元 8

路径和形状的绘制

知识目标：

了解路径的概念，掌握对钢笔路径的修改和编辑、绘制形状图形、使用自定形状，完成项目实训。

能力目标：

能熟练掌握路径和形状的操作。

素质目标：

培养学生具有较强的团队合作意识和良好的心理素质，运用科学思维方式来处理图像问题。

Photoshop主要用来处理位图图像，但也提供了绘制几何图形的功能。路径不仅可以用于绘制图形，也能够转换为选区。

8.1 绘制路径

路径可以是一个点、一条直线或者一条曲线。钢笔工具组是描绘路径的常用工具，使用它可以直接产生线段路径和曲线路径，钢笔工具组如图8-1所示。

图8-1 钢笔工具组

1. 钢笔工具

钢笔工具是Photoshop中唯一的矢量工具，使用它可以精确地绘制出直线或光滑的曲线，也可以创建形状图层。在工具箱中选择"钢笔工具"，其工具属性栏如图8-2所示。

图8-2 "钢笔工具"属性栏

"钢笔工具"属性栏中各选项的含义如下：

（1）选择工具模式：包括"形状""路径""像素"。形状图层可以通过"钢笔工具"或"形状工具"来创建，在"图层"面板中一般以矢量蒙版的形式显示，更改形状的轮廓可以改变显示的图像。路径由直线或曲线组合而成，锚点就是这些线段的端点，使用"转换点工具"在锚点上拖动便会出现控制杆和控制点，拖动控制点就可以更改路径在图像中的形状。只有执行"形状工具"时，填充像素才会被激活。它是使用选取工具绘制选区后，再以前景色填充，如果不新建图层，那么使用像素填充的区域会直接出现在当前图层中。

（2）路径操作：用来对创建的路径进行运算，包括新建图层、合并形状、减去顶层形状、与形状区域相交、排除重叠形状、合并形状组件。

（3）路径对齐方式：包括左对齐、右对齐、居中对齐、对齐到选区等方式。

（4）橡皮带：单击右边的下拉按钮，会弹出一个"橡皮带"钢笔选项，选中此复选框后，用"钢笔工具"绘制路径时，在第一个锚点与要建立的第二个锚点之间会出现一条假想的线段，标识出下一段路径线的走向，只有单击后，这条线段才会变成真正存在的路径。

（5）自动添加/删除：如果选中该复选框，则可以在路径上添加或者删除锚点。

（6）设置形状填充类型：需要使用钢笔工具建立形状后才会激活，可以填充纯色或渐变颜色或者图案。

（7）设置形状描边类型：需要使用钢笔工具建立形状后才会激活，可以用纯色或渐变颜色或者图案进行描边。

钢笔工具用于绘制路径，使用"钢笔工具"绘制线段路径的具体操作如下：

（1）在工具箱中选择"钢笔工具"，在"钢笔工具"属性栏中选择工具模式为"路径"。

（2）在图像窗口中需要绘制线段的位置单击，创建线段路径的第1个锚点。

（3）移动鼠标到另一位置单击，即可在该点与起点间绘制一条线段路径。

（4）同样继续移动鼠标到下一点处单击。

（5）如果将鼠标移动到新的位置，按住鼠标左键不放并且拖动鼠标，可以通过调节曲率绘制出想要的曲线路径。

（6）如果想将路径闭合，只需将鼠标移动到第一个锚点处，当钢笔右下方有一个小圆时单击鼠标即可。

使用"钢笔工具"绘制路径时按住【Shift】键可以强制路径和方向线成水平、垂直或45°角，按住【Ctrl】键可暂时切换到路径选取工具，按住【Alt】键将笔形光标在黑色节点上单击，可以改变方向线的方向，使曲线能够转折；按住【Alt】键用路径选取工具单击路径会选取整个路径；要同时选取多个路径可以按住【Shift】键后逐个单击；使用路径选取工具时按住【Ctrl+Alt】组合键移近路径会切换到加锚点与减锚点笔形工具。如果想绘制新路径则在工具箱中选择"钢笔工具"，按住【Ctrl】键的同时单击路径以外的任何区域，路径上所有的锚点都将消失，此时就可以绘制新的路径了。

2. 自由钢笔工具

"自由钢笔工具"绘制的线条就像用铅笔在纸上画一样，只要在工作窗口中按住鼠标左键并拖动就可得到曲线路径，释放鼠标则停止路径绘制，常用于绘制不规则路径，其工作原理与"磁性套索工具"相同，它们的区别在于前者是建立选区，后者建立的是路径。其工具属性栏如图8-3所示，各个选项的作用与"钢笔工具"属性栏类似，其中如果选中"磁性的"复选框，则在绘制路径时可以快速沿图像反差较大的像素边缘自动添加磁性锚点，绘制的曲线非常平滑。当使用"钢笔工具"时，可以在任何时候按【Ctrl】键转换成自由钢笔工具。

图8-3 "自由钢笔工具"属性栏

3. 添加锚点工具

"添加锚点工具"用于在路径上添加新的锚点。该工具可以在已建立的路径上根据需要添加新的锚点，以便更精确地设置图形的轮廓。在工具箱中选择"添加锚点工具"，在路径上单击某处，可以添加新锚点，如图8-4所示，在路径上添加锚点不会改变工作路径的形态，却可以通过拖动锚点或者调控其调节柄改变路径。

4. 删除锚点工具

"删除锚点工具"的功能与"添加锚点工具"相反，该工具用于删除路径上已经存在的锚点，使用"删除锚点工具"单击路径线段上已经存在的锚点，可以将其删除。删除锚点后，剩下的锚点会组成新的路径，即工作路径的形态会发生相应的改变。

5. 转换点工具

使用"转换点工具"可以使路径在平滑曲线和线段之间相互转换，还可以调整曲线形状。在工具箱中选择"转换点工具"，在路径的平滑点上单击可将平滑点转换为角点；选择一角点，按住鼠标左键不放并拖动，此时角点处出现控制线，调整控制线即可调整曲线的弧度和形状，用户也可分别拖动控制线两边的调杆调整其长度和角度，从而达到修改路径形状的目的。拖动路径上的角点可将角点转换为平滑点，并可以通过调节柄来控制曲率，对图8-4所示顶点使用"转换点工具"后效果如图8-5所示。

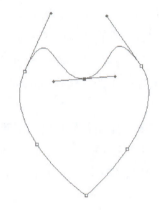

图8-4　添加新的锚点　　　　　图8-5　"转换点工具"效果图

8.2 路径的选择和编辑

一段路径绘制好后，可以对其进行修改美化达到预想的效果，也就是说需要对其进行选择与编辑。

1. 路径选择工具组

路径选择工具组主要对已经创建好的路径进行选择、移动、复制和拼合等操作。路径选择工具组中包括"路径选择工具"和"直接选择工具"，如图8-6所示。

图8-6　路径选择工具组

（1）路径选择工具："路径选择工具"可以选择一个或多个路径并对其进行移动、组合、对齐、分布和复制等操作。其工具属性栏如图8-7所示。在需要选择的路径上单击，当该路径上的锚点全部显示为黑色时，表示这个路径被选中。按住【Shift】键的同时单击路径，可以选择多个路径；按住【Shift】键的同时单击已选中路径，可以取消路径的选中状态。按住【Alt】键，鼠标指针右下角出现一个"+"符号，此时拖动鼠标即可复制路径。单击选中路径并按住鼠标左键拖动，即可移动被选中的路径。选中路径，按【Delete】键可以删除所选路径。

图8-7　"路径选择工具"属性栏

（2）直接选择工具：使用"直接选择工具"可以对路径曲线进行选择、移动、复制、删除等操作，可以改变线的方向。这两个工具的不同之处是使用"路径选择工具"可以选择整个路径且会以实心的形式显示所有锚点；而使用"直接选择工具"时，选中的锚点实心显示，没有选中的锚点则空心显示，如想选取全部锚点应按住【Shift】键后逐个选取。使用"直接选择工具"可以选择并移动路径中的某个锚点，通过对锚点的操作从而改变路径形态。使用方法是在工具箱中选择"直接选择工具"，然后在路径上单击需要修改的某个锚点，通过鼠标的拖动就可以改变锚点的位置或者形态。

2. "路径"面板

选择"窗口"→"路径"命令,打开"路径"面板,如图8-8所示,其主要作用是对已经建立的路径进行管理和编辑处理,可以用来保存路径或矢量蒙版,还可以对路径进行保存、复制、删除、自由变换、填充、描边以及转换选区等操作。

图8-8 "路径"面板

"路径"面板中各选项的含义如下:

(1)用前景色填充路径:单击该按钮可以对当前前景色填充路径区域。

(2)用画笔描边路径:单击该按钮可以用前景色和默认的画笔大小对当前创建的路径描边。

(3)将路径作为选区载入:单击该按钮可以将当前选择的路径转换为选区。

(4)从选区生成工作路径:单击该按钮可以将当前选区转换为路径(图像中有选区时此按钮才可用)。

(5)创建新路径:单击该按钮,可以在图像中新建一条路径。

(6)删除路径:选定要删除的路径,单击该按钮,可以删除当前选择的路径。

(7)菜单按钮:单击该按钮,可以打开"路径"面板的下拉菜单(见图8-8),包括存储路径、删除路径、建立选区、填充路径、描边路径、面板选项等。

3. 填充路径

路径也可以像选区一样利用前景色、背景色和图案对其进行填充,从而得到更多样的图像。单击"路径"面板中的"以前景色填充路径"按钮,为路径填充前景色。执行该命令的前提是要有一个路径,然后才能对其进行填充,否则该命令将不会被选择。单击"路径"面板右上角的菜单按钮,选择"填充路径"命令,或者按住【Alt】键的同时单击"路径"面板中的"用前景色填充路径"按钮,打开"填充路径"对话框,如图8-9所示,其中各选项的含义如下:

图8-9 "填充路径"对话框

（1）内容：在下拉列表中可以选择填充内容，包括前景色、背景色、自定义颜色、图案等。
（2）模式：在此下拉列表中可以选择29种填充内容的混合模式。
（3）羽化半径：设置填充后的羽化效果，该数值越大，羽化效果越明显，有助于图像的边缘与背景的融合。

4. 描边路径

"描边路径"命令在绘制外轮廓形状时能起到很大的作用，同时也显示出了优越性。"描边路径"命令执行的前提条件是"路径"已经存在，否则该命令将不会被选择。描边路径和描边选区的操作相近，但描边路径的效果更丰富。单击"路径"面板中的"用画笔描边路径"按钮对路径描边。可以使用大部分绘画工具作为描边路径的笔触，制作出各式各样的路径描边效果。单击"路径"面板右上角的菜单按钮，选择"描边路径"命令，或者按住【Alt】键的同时单击"路径"面板中的"用画笔描边路径"按钮，弹出"描边路径"对话框，如图8-10所示。

图8-10 "描边路径"对话框

5. 路径转换为选区

图像的路径和选区是可以实现互换的。将路径转换为选区的方法如下：

按住【Alt】键的同时单击"路径"面板中的"将路径作为选区载入"按钮，弹出"建立选区"对话框，如图8-11所示。或者在"路径"面板中单击右上角的菜单按钮，在弹出的菜单中选择"建立选区"命令。也可以单击"路径"面板中的"将路径作为选区载入"按钮，可直接将路径自动转换为选区。

6. 选区转换为路径

将选区转换为路径的方法如下：

按住【Alt】键的同时单击"路径"面板中的"从选区生成工作路径"按钮，弹出"建立工作路径"对话框，如图8-12所示，设置容差值，单击"确定"按钮。或者单击"路径"面板中的"从选区生成工作路径"按钮，这样就可将选区转换为路径。

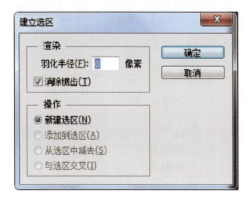

图8-11 "建立选区"对话框

图8-12 "建立工作路径"对话框

有些比较复杂的路径可以先制作选区，再由选区转换成路径。根据实际情况可以利用"魔棒工具"制作选区后，再单击"路径"面板中的"从选区生成工作路径"按钮，即可生成与该选区形状一样的工作路径。

例如：用"魔棒工具"对图8-13所示的花朵建立选区，然后将选区转换为路径，并用"散布枫叶"的"画笔工具"对路径描边，操作步骤如下：

（1）在工作窗口中打开图8-13所示图像文件，使用"魔棒工具"建立图8-14所示的选区。

图8-13　花朵原图像　　　　　　　　　　　图8-14　建立选区

（2）在工具箱中设置前景色为"白色"，在工具箱中选择"画笔工具"，在其属性栏中设置10像素的散布枫叶，如图8-15所示。

（3）单击"路径"面板中的"从选区生成工作路径"按钮，然后单击"路径"面板中的"用画笔描边路径"按钮，即可描边路径，如图8-16所示。

图8-15　画笔预设　　　　　　图8-16　选区转换为路径并描边效果图

7．路径的变形

路径变形的各种方法和图像变形类似，在工具箱中选择"路径选择工具"，单击选中路径，选择"编辑"→"自由变换"命令，此时在编辑窗口的路径上会显示调节框，通过拖动鼠标调节这些节点可以改变路径形态。选择"编辑"→"变换"命令,弹出子菜单,可以进行"缩放""旋转""斜切""扭曲""透视""变形"等操作。

8. 保存与输出路径

可以将制作好的路径及时保存起来。在"路径"面板中单击右上角的菜单按钮,选择"存储路径"命令,弹出"存储路径"对话框,输入路径的名称,单击"确定"按钮即可。

在Photoshop中创建的路径可以保存输出为.ai格式,然后在Illustrator、3ds Max等软件中继续应用,操作方法是:选择"文件"→"导出"→"路径到Illustrator"命令,弹出"导出路径到文件"对话框,设置保存的路径和选择存储的文件名,单击"确定"按钮即可,如图8-17所示。

图8-17 "导出路径到文件"对话框

8.3 绘制形状图形

利用形状工具可以非常方便地创建各种规则的几何形状或路径。单击工具箱中的"形状工具组"右下角的三角按钮,弹出形状工具组的所有工具,包括矩形、圆角矩形、椭圆、多边形、直线和自定形状工具,如图8-18所示。

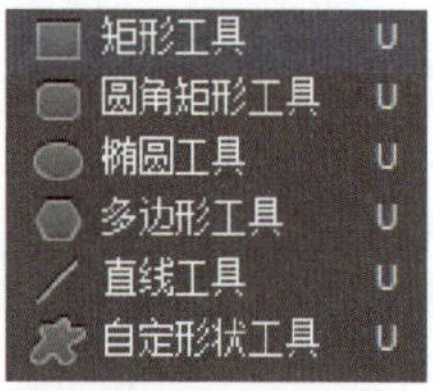

图8-18 形状工具组

1. 矩形工具

选择"矩形工具",将显示图8-19所示的矩形工具属性栏,同其他形状工具一样都可以创建"形状图层""路径""填充像素"三种类型的对象。

图8-19 "矩形工具"属性栏

单击属性栏右侧三角形按钮,弹出"矩形选项"面板,如图8-20所示,"矩形选项"面板中各选项的含义如下:

(1)不受约束:选择此项后,可以拖动鼠标在图像文件中绘制任意大小和任意长宽比例的矩形。

(2)方形:选择此项后,可以拖动鼠标在图像文件中绘制正方形。

(3)固定大小:选择此项后,输入矩形宽度和高度值后,再拖动鼠标,只能在图像文件中绘制指定大小的矩形。

(4)比例:选择此项后,设置矩形的宽度和高度的比例,再拖动鼠标,只能在图像文件中绘制出设置比例的矩形。

(5)从中心:勾选此复选项后,则将以鼠标在工作窗口中单击的位置为中心创建矩形。

2. 圆角矩形工具

"圆角矩形工具"的用法和属性栏都与"矩形工具"相似，只是属性栏中多了一个半径，使用"圆角矩形工具"可以绘制具有平滑边缘的矩形，如图8-21所示，通过设置工具属性栏中的"半径"值来调整四个圆角的半径，输入数值越大，四个圆角的圆弧越圆滑。

图8-20 "矩形选项"面板

图8-21 圆角矩形

3. 椭圆工具

"椭圆工具"可以绘制椭圆或圆形路径。选择"椭圆工具"按钮，显示的椭圆工具属性栏如图8-22所示，与"矩形工具"属性栏相似，其使用方法也与"矩形工具"相同。

图8-22 "椭圆工具"属性栏

在使用"矩形工具""圆角矩形工具""椭圆工具"时，如果按住【Shift】键的同时拖动鼠标，则可以分别绘制出正方形、圆角矩形以及圆形。

4. 多边形工具

使用"多边形工具"可以绘制正多边形和星形，选择"多边形工具"，显示"多边形工具"属性栏，如图8-23所示，单击属性栏右侧下拉按钮，弹出"多边形选项"面板，如图8-24所示，在这里可以对多边形的半径、平滑拐角、星形以及平滑缩进等参数进行设置。图8-25所示为绘制的多边形。

图8-23 "多边形工具"属性栏

图8-24 "多边形选项"面板

图8-25 绘制的多边形

"多边形选项"面板中各选项的含义如下：

（1）半径：用于设置多边形或星形的半径长度，设置相应的参数后，只能绘制固定大小的正多边形或星形。

（2）平滑拐角：勾选此复选框后，拖动鼠标即可绘制出圆角效果的正多边形或星形。

(3)星形:勾选此复选框后,拖动鼠标即可绘制出向中心位置缩进的星形。只有选择了该复选框,则以下两个属性才可用。

(4)缩进边依据:用来限定绘制的星形的凹进程度,取值范围为1%~99%,该数值越大,星形凹进程度越明显。

(5)平滑缩进:可以使多边形的边平滑地向中心缩进。

(6)边:用来设置所要绘制的多边形的边数或者星形的角数,可以在文本框中直接输入边的数值。

5．直线工具

在这里可以对多边形的粗细、起点、终点、宽度、长度以及凹度等参数进行设置。

"直线工具"可以用来绘制不同粗细的直线或带有箭头的线段,选择"直线工具",显示"直线工具"属性栏,如图8-26所示,其属性栏与"矩形工具"属性栏相似,只是多了一个设置线段或箭头粗细的"粗细"选项。单击"箭头"下拉按钮,弹出"箭头"面板,如图8-27所示。

图8-26 "直线工具"属性栏

"箭头"面板中各选项的含义如下:

(1)起点与终点:通过选中复选框来设置箭头的方向。可以指定在直线的起点或终点创建箭头。

(2)宽度:设置箭头的宽度的百分比。数值越大,箭头宽度越大。

(3)长度:设置箭头的长度的百分比。数值越大,箭头长度越大。

(4)凹度:设置箭头最宽处的尖锐程度,箭头和直线在此相接。数值为正数时,箭头尾部向内凹;数值为负数时,箭头尾部向外凸,数值为0时,箭头尾部平齐,如图8-28所示。

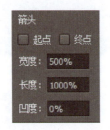

图8-27 "箭头"面板   图8-28 当"凹度"数值设置为50%、-50%、0%时所绘制的箭头图形

6．自定形状工具

"自定形状工具"可以在图像中绘制一些特殊的图形和自定义图案。系统预置了很多形状,其载入、存储等方法与渐变、图案等相同。"自定形状工具"属性栏中多了一个"形状"选项,单击此选项右侧的下拉按钮,弹出图8-29所示的"自定义形状选项"面板。

在面板中选择所需要的图形,然后在图像文件中拖动鼠标,即可绘制相应的图形。在图像中用任何工具绘制的路径都可以自定义成形状,保存在"自定义形状"库中,以备重复使用。单击"自定义形状选项"面板右上角的  按钮,在弹出的菜单中选择"全部"命令,在弹出的询问面板中单击

"确定"按钮，即可显示系统中存储的全部图形，如图8-30所示。

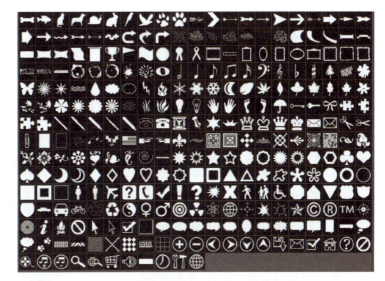

图8-29 "自定义形状选项"面板

图8-30 全部显示的自定义图形

在使用"自定形状工具"绘制图案时，按住【Shift】键绘制的图像会按照图像大小进行等比例缩放绘制。

【案例24】人物套环圈

制作图8-31所示人物套环圈的效果。扫一扫二维码。可以观看实操演练过程。

操作步骤如下：

（1）选择"文件"→"打开"命令，弹出"打开"对话框。打开素材文件"环圈"和"人物"，分别如图8-32和图8-33所示。

视　频

【案例24】
人物套环圈

图8-31 人物套环圈的最终效果

图8-32 环圈

（2）单击文件"环圈"中的"Layer1"图层，使用工具箱中的"移动工具"移动到文件"人物"中，形成新的图层，命名为"Layer1"，如图8-34所示。

图8-33　人物

图8-34　"图层"面板

（3）选择"编辑"→"自由变换"命令，将"Layer1"的大小及位置进行适当的调整，如图8-35所示，按【Enter】键确定。

图8-35　调整"环圈"大小

（4）使用"钢笔工具"对人物腰部进行勾画，隐藏"Layer1"层进行细节调整满意后再显示"Layer1"层，右击后在弹出的快捷菜单中选择"建立选区"命令，弹出"建立选区"对话框，使用默认值，如图8-36所示。然后单击"背景"图层，使之成为当前编辑图层，按【Ctrl+C】组合键进行复制，按【Ctrl+V】组合键进行粘贴，将形成的新图层命名为"图层2"，并将"图层2"移动到Layer1图层上面，"图层"面板如图8-37所示。

单元8　路径和形状的绘制

图8-36　选择"建立选区"

图8-37　"图层"面板

（5）同样的制作方法，利用"钢笔工具"选择好人物的大腿部位，操作方法同（4），形成新的图层，命名为"图层3"，并将其移动到"图层2"上面。最终效果见图8-31。

【案例25】描绘雀鸟

描绘出图8-38所示的"雀鸟"效果。扫一扫二维码，可观看实操演练过程。

操作步骤如下：

（1）选择"文件"→"新建"命令，弹出"新建"对话框，设定图像宽度为800像素、高度为700像素，背景内容为"白色"，其他为默认，如图8-39所示。

视　频

【案例25】
描绘雀鸟

165

图8-38 "雀鸟"最终效果　　　　　　　　　图8-39 新建文件

（2）选择"文件"→"打开"命令，打开文件"雀鸟素材"，单击"雀鸟素材"，使其成为当前编辑图像，使用"钢笔工具"沿小鸟的边缘勾画出路径，选择"编辑"→"拷贝"命令或者按【Ctrl+C】组合键，效果及"路径"面板如图8-40所示。

图8-40 路径及面板

（3）复制"路径"到新建文件中，转换为"选区"并进行调整。单击"新建文件"，使其成为当前编辑图像。打开"路径"面板，按【Ctrl+V】组合键对工作路径进行粘贴，并命名为"工作路径"；单击"将路径作为选区载入"按钮，产生一个选区；选择"选择"→"变换选区"命令，调整选区大小并移动到合适的位置。再次按【Ctrl+V】组合键，选择"编辑"→"自由变换路径"命令，调整路径并移动到合适的位置，如图8-41所示。

（4）打开"图层"面板，新建一个图层并命名为"图层1"，把该图层作为当前编辑图层，设置前景色为蓝色或者自己喜欢的颜色，选择"编辑"→"填充"命令或者按【Alt+Delete】组合键，用前景色填充选区。按【Ctrl+D】组合键取消选择,选择"画笔工具",在属性栏中将画笔大小设置为硬边圆14像素,将前景色设置为"白色",画出小鸟的眼睛,如图8-42所示。

图8-41 调整路径　　　　　　　　　　图8-42 画笔大小设置及描绘效果

（5）新建一个"图层2",在"路径"面板中单击"将路径作为选区载入"按钮,产生一个新选区。设置前景色为"黄色"或者自己喜欢的颜色,选择"编辑"→"填充"命令或者按【Alt+Delete】组合键用前景色填充选区。然后把前景色设置为"红色",选择"画笔工具",设置画笔为硬边圆16像素,画出小鸟的眼睛,然后设置画笔为柔边圆30像素,绕小鸟周边选区边缘涂抹,按【Ctrl+D】组合键取消选择。

（6）选择"图层"面板中的"图层2",使其作为当前编辑图层,选择"图层"→"图层样式"→"投影"命令,适当调整参数,如图8-43所示,最终效果见图8-38,选择"文件"→"存储"命令或者按【Ctrl+S】组合键,保存文件。

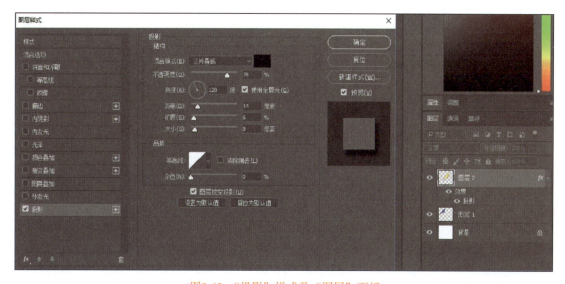

图8-43 "投影"样式及"图层"面板

▶ 讨 论

描绘路径的常用工具有哪些?

▶ 课后动手实践

1. 绘制鸟儿飞舞的春光图。
2. 人物套环圈。
3. 描绘雄鹰。

单元 9

滤镜的应用

知识目标：
了解滤镜，了解滤镜库的使用，熟悉滤镜的应用，完成项目实训。

能力目标：
能熟练使用滤镜制作精美的图像。

素质目标：
培养学生具有持续学习与自我提升能力，保持对新技术、新方法的持续学习和探索精神，不断提升图像处理能力和艺术修养。

滤镜是Photoshop中重要且不可分割的一部分功能，应用不同的滤镜，可以产生"专业"的艺术效果。

9.1 滤镜及滤镜库

1. 滤镜的功能

滤镜主要用来实现图像的各种特殊效果，主要分为相机滤镜、外挂滤镜、其他滤镜等。滤镜在Photoshop中具有非常神奇的作用。所有滤镜在Photoshop中都按分类放置在菜单中，使用时只需要从该菜单中选择相应命令即可。滤镜的操作非常简单，但是真正用起来却很难恰到好处，滤镜通常需要同通道、图层等联合使用，才能取得最佳艺术效果。

2. 滤镜的分类

Photoshop滤镜分为两类：一种是内部滤镜，即安装Photoshop时自带的滤镜；另外一种是由第三方公司提供的外挂滤镜，需要进行安装后才能使用。

3. 滤镜的使用规则

（1）在处理的图像上有选区时，Photoshop只对选区应用滤镜；如果没有选区，只对当前图层或通道起作用。

（2）滤镜在处理图像时以像素为单位，所以处理图像的效果与图像的分辨率有关。

（3）所有滤镜都可以处理RGB模式下的图像。除了RGB以外的其他色彩模式下，只能使用部分滤镜。

（4）如果只对局部图像进行滤镜效果处理，可以为选区设定羽化值，使处理后的区域能自然地与原图像融合。

（5）"滤镜"菜单的第一行将自动记录最近一次滤镜操作，直接单击该命令可以快速地重复执行相同的滤镜命令。

4. 滤镜菜单

选择"编辑"→"首选项"→"增效工具"命令，勾选"显示滤镜库的所有组和名称"复选框。单击"滤镜"菜单，会弹出图9-1所示的下拉菜单。

Photoshop CC的滤镜菜单由5部分组成，分别是上次滤镜操作命令、转换为智能滤镜、6种特殊的Photoshop CC滤镜命令、14种Photoshop CC滤镜组，每个滤镜组都包含若干滤镜子菜单。

5. 滤镜库

"滤镜库"命令实际上不是一个特定的命令，而是Photoshop中滤镜命令使用的一种新方式，通过这个新方式，不仅能够在一个对话框中使用若干个滤镜命令，而且能重复应用一个或几个相同或不同的滤镜命令。

滤镜库可提供许多特殊效果的滤镜预览。用户可以应用多个滤镜打开或关闭滤镜的效果，还可以重新排列滤镜并更改已应用的每个滤镜的

图9-1 "滤镜"下拉菜单

设置，以便实现所需的效果。要使用滤镜库功能，可选择"滤镜"→"滤镜库"命令，弹出"滤镜库"对话框，如图9-2所示。

图9-2 "滤镜库"对话框

"滤镜库"对话框包括预览区、命令选择区、参数调整区、滤镜效果区。可以在"滤镜库"对话框的滤镜效果层采用叠加图层的形式对当前操作的图像应用多个滤镜命令。虽然在"滤镜库"命令选择区域可选择多种滤镜命令，但不包括所有滤镜命令。

9.2 常用滤镜的应用

1. 风格化

"风格化"滤镜是通过置换像素和通过查找并增加图像的对比度，在选区中生成绘画或印象派的效果。它是完全模拟真实艺术手法进行创作的。选择"滤镜"→"风格化"命令，弹出子菜单，如图9-3所示，风格化滤镜共有8种滤镜。

（1）查找边缘：用于标识图像中有明显过渡的区域并强调边缘。与"等高线"滤镜一样，"查找边缘"在白色背景上用深色线条勾画图像的边缘，并对于在图像周围创建边框非常有用。应用"查找边缘"滤镜后的效果如图9-4所示。

图9-3 "风格化"子菜单

（2）等高线：用于查找主要亮度区域的过渡，并对于每个颜色通道用细线勾画它们，得到与等高线图中的线相似的结果。

（3）风：风用于在图像中创建细小的水平线以及模拟刮风的效果。应用"风"滤镜后的效果如图9-5所示。

图9-4 "查找边缘"滤镜后的效果　　　　　图9-5 "风"滤镜后的效果

（4）浮雕效果：通过将选区的填充色转换为灰色，并用原填充色描画边缘，从而使选区显得凸起或压低。

（5）扩散：根据选中的选项搅乱选区中的像素，使选区显得不十分聚焦，模拟一种透过磨砂玻璃看图像的模糊效果。

（6）拼贴：将图像分解为一系列拼贴（像瓷砖方块）并使每个方块上都含有部分图像。

（7）曝光过度：混合正片和负片图像，与在冲洗过程中将照片简单地曝光以加亮相似。

（8）凸出：凸出滤镜可以将图像转化为三维立方体或锥体，以此来改变图像或生成特殊的三维背景效果。应用"凸出"滤镜后的效果如图9-6所示。

2. 模糊

模糊滤镜可以使图像中过于清晰或对比度过于强烈的区域产生模糊效果。它通过平衡图像中已定义的线条和遮蔽区域的清晰边缘旁边的像素，使变化显得柔和。选择"滤镜"→"模糊"命令，弹出子菜单，如图9-7所示，模糊滤镜共有14种滤镜。

（1）场景模糊：对图片进行焦距调整，和拍摄照片的原理一样，选择好相应的主体后，主体之前及之后的物体就会相应的模糊。

（2）光圈模糊：用类似相机的镜头来对焦，焦点周围的图像会相应的模糊。

（3）倾斜偏移：用来模仿微距图片拍摄的效果，比较适合俯拍或者镜头有点倾斜的图片使用。

（4）表面模糊：主要对图像的表面进行模糊处理。

（5）动感模糊：创建抓拍正处于运动状态物体的效果，此滤镜的效果类似于以固定的曝光时间给一个移动的对象拍照，可以设置角度和距离，应用"动感模糊"滤镜后的效果如图9-8所示。

单元9　滤镜的应用

图9-6　"凸出"滤镜后的效果

图9-7　"模糊"子菜单

（6）方框模糊：基于相邻像素的平均颜色值来模糊图像。此滤镜用于创建特殊效果。可以调整用于计算给定像素的平均值的区域大小；半径越大，产生的模糊效果越好。

（7）高斯模糊："高斯模糊"滤镜利用高斯曲线对图像像素值进行计算处理，有选择地模糊图像，添加低频细节，并产生一种朦胧效果，应用"高斯模糊"滤镜后的效果如图9-9所示。

图9-8　"动感模糊"滤镜后的效果

图9-9　"高斯模糊"滤镜后的效果

（8）进一步模糊：生成的效果比"模糊"滤镜强3~4倍。

（9）径向模糊：模拟前后移动相机或旋转相机所产生的模糊效果。

（10）镜头模糊：向图像中添加模糊以产生更窄的景深效果，以便使图像中的一些对象在焦点内，而使另一些区域变模糊。

（11）模糊：能降低图像的对比度，平衡边缘过于清晰或对比度过强的像素，产生模糊效果。

（12）平均：找出图像或选区的平均颜色，并以平均色填充图像。

173

（13）特殊模糊：产生一种清晰边界的模糊。该滤镜能够找到图像边缘并只模糊图像边界线以内的区域。

（14）形状模糊：按照选择的形状对图像进行模糊处理。

3．扭曲

扭曲系列滤镜都是用几何学的原理把一幅图像变形，可以将图像进行几何扭曲，创建3D或其他变形效果。选择"滤镜"→"扭曲"命令，弹出子菜单，如图9-10所示，扭曲滤镜共有9种滤镜。

（1）波浪：通过设置波浪生成器数、波长等参数使图像产生波浪扭曲效果。"波浪"对话框如图9-11所示。

图9-10 "扭曲"子菜单

图9-11 "波浪"对话框

（2）波纹：可以使图像产生类似水波纹的效果。"波纹"对话框如图9-12所示。

（3）极坐标：根据选中的选项，可将图像的坐标从平面坐标转换为极坐标或从极坐标转换为平面坐标。

（4）挤压：将整个图像或选区产生凸起或凹下的效果。"挤压"对话框如图9-13所示。

（5）切变：可通过拖移"切变"对话框（见图9-14）中的点或线条来扭曲一幅图像。

图9-12 "波纹"对话框

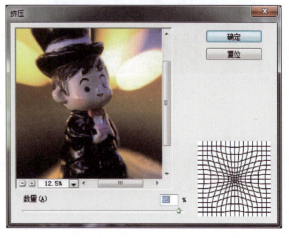

图9-13 "挤压"对话框

（6）球面化：可以使选区中心的图像产生凸出或凹陷的球体效果。

（7）水波：可以按设定的参数对图像或选区进行径向扭曲，使图像或选区产生同心圆状的波纹效果。

（8）旋转扭曲：使图像产生旋转扭曲的效果。

（9）置换滤镜：可以产生弯曲、碎裂的图像效果。置换滤镜比较特殊的是设置完毕后，还需要选择一个图像文件作为位移图，滤镜根据位移图上的颜色值移动图像像素。

4. 锐化

锐化滤镜通过增加相邻像素的对比度来聚焦模糊的图像，使图像更清晰。选择"滤镜"→"锐化"命令，弹出子菜单，如图9-15所示，锐化滤镜共有5种滤镜。

图9-14 "切变"对话框

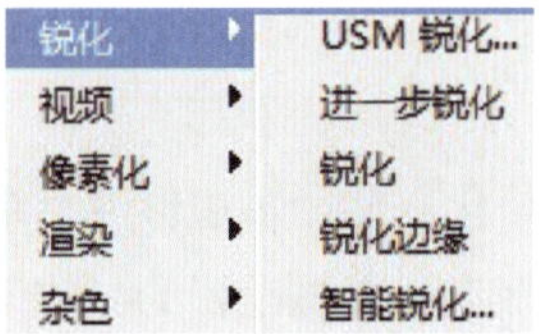

图9-15 "锐化"子菜单

（1）USM锐化：滤镜通过调整图像边缘的锐化程度，产生一种更清晰的图像效果。"USM锐化"对话框如图9-16所示。

（2）锐化：可以聚焦选区，增加图像的清晰度。

（3）进一步锐化：可以产生更强烈的锐化效果。

（4）锐化边缘：只对图像的轮廓加以锐化，使不同颜色之间的分界更明显，从而使图像更清晰。

（5）智能锐化：具有"USM锐化"滤镜所没有的锐化控制功能，可以设置锐化算法，或控制在阴影和高光区域中的锐化量，而且能避免色晕等问题，起到使图像细节清晰起来的作用。"智能锐化"对话框如图9-17所示。

5. 像素化

像素化滤镜将图像分成一定的区域，将这些区域转变为相应的色块，再由色块构成图像，它只是在图像中表现出某种基

图9-16 "USM锐化"对话框

础形状的特征，形成一些类似像素化的形状变化。选择"滤镜"→"像素化"命令，弹出子菜单，如图9-18所示，像素化滤镜共有7种滤镜。

图9-17 "智能锐化"对话框

图9-18 "像素化"子菜单

（1）彩块化：没有对话框控制选项，使用纯色或相近颜色的像素结成相近颜色的像素块重新绘制图像，使颜色变化更平展。

（2）彩色半调：模拟在图像的每个通道上使用半调网屏的效果，将一个通道分解为若干个矩形，并用圆形替换每个矩形。图9-19所示为"彩色半调"效果图。

（3）点状化：将图像分解为随机分布的网点，模拟点状绘画的效果，并使用背景色作为网点之间的画布区域。

（4）晶格化：使用多边形纯色结块重新绘制图像。

（5）马赛克：根据设置的参数使像素结为方形块，模拟马赛克效果，如图9-20所示。

图9-19 "彩色半调"效果

图9-20 "马赛克"效果

（6）碎片：将图像创建四个相互偏移的副本，使图像产生一种不聚焦效果。

（7）铜版雕刻：可以在图像中随机产生线和点，生成一种金属版印刷的效果。灰度图应用此滤镜将产生黑白图像；彩色图像应用此滤镜将对各色彩通道进行处理后再合成。

6. 渲染

渲染滤镜可以在图像中创建云彩图案、折射图案和模拟的光反射，也可在3D空间中操纵对象，并从灰度文件创建纹理填充以产生类似3D的光照效果。选择"滤镜"→"渲染"命令，弹出子菜单，如图9-21所示，渲染滤镜共有5种滤镜。

（1）分层云彩：利用前景色和背景色之间的随机像素值，生成云彩图案。

（2）光照效果：主要是产生光照效果，通过光源、光色选择、聚焦、定义物体反射特性等的设定来达到三维绘画效果。

（3）镜头光晕：模拟亮光照射到相机镜头所产生的折射。通过点按图像缩览图的任一位置或拖移其十字线，指定光晕中心的位置。"镜头光晕"滤镜可以用来模拟逆光拍照时光线直射相机镜头所拍摄出带有光晕的图像效果。"镜头光晕"对话框如图9-22所示。

图9-21 "渲染"子菜单　　　　　　　　　图9-22 "镜头光晕"对话框

（4）纤维：使用前景色和背景色创建编织纤维的外观。可以使用"差异"滑块控制颜色的变化方式。"强度"滑块控制每根纤维的外观。单击"随机化"按钮可更改图案的外观；可多次单击该按钮，直到生成自己喜欢的图案。当应用"纤维"滤镜时，当前图层上的图像数据会被替换。

（5）云彩：使用介于前景色与背景色之间的随机值，生成柔和的云彩图案。若要生成色彩较为分明的云彩图案，可按住【Alt】键并选择"滤镜"→"渲染"→"云彩"命令。

7．杂色

杂色滤镜用于添加或移去图像的杂色或带有随机分布色阶的像素，创建特殊的纹理效果或用来除去图像中的瑕疵，如划痕、斑点等。选择"滤镜"→"杂色"命令，弹出子菜单，如图9-23所示，杂色滤镜共有5种滤镜，其中"添加杂色"用于增加图像中的杂色，其他均用来去除图像中的杂色。

（1）减少杂色：用于减少图像中不需要或者多余的部分。图9-24所示为"减少杂色"素材，图9-25所示为"减少杂色"对话框。

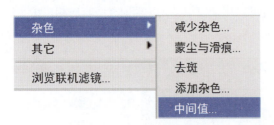

图9-23 "杂色滤镜"子菜单　　　　　　　　图9-24 "减少杂色"素材

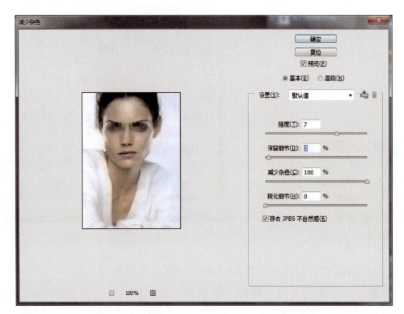

图9-25 "减少杂色"对话框

（2）蒙尘与划痕：该滤镜会搜索图片中的缺陷并将其融入周围像素中，对于去除扫描图像中的杂点和折痕效果非常显著，通过更改相异的像素来减少杂色，可以去除大而明显的杂点。在如图9-26所示的"蒙尘与划痕"对话框中，"半径"选项可定义以多大半径的缺陷来融合图像，变化范围为1~100，值越大，模糊程度越强。"阈值"选项决定正常像素与杂点之间的差异，变化范围为0~255，值越大，所能容许的杂纹就越多，去除杂点的效果就越弱。通常设定"阈值"为0~128像素，效果较为显著。

（3）去斑：通过模糊图像的方法消除图像中的斑点，并保留图像的细节。该滤镜会对图像或者是选区内的图像稍加模糊，来遮掩斑点或折痕。执行"去斑"滤镜能够在不影响源图像整体轮廓的情况下,对细小、轻微的斑点进行柔化,从而达到去除杂色的效果。若要去除较粗的斑点,则不适宜使用该滤镜。一般情况下,可反复执行"去斑"滤镜去除杂色。

(4)添加杂色:可随机地将杂色混合到图像中,产生纹理斑的颗粒效果,并可使混合时产生的色彩有漫散的效果,在图9-27所示的"添加杂色"对话框中,可以设定杂色的"数量""分布",并可通过选择或取消选择"单色"复选框设置杂色对原有像素的影响(选中该复选框,表示加入的杂色只影响原有像素的亮度,像素的颜色保持不变)。使用"添加杂色"滤镜可以在一个空白图像中随机产生杂色,因此,该滤镜通常用来制作杂纹或其他底纹。

图9-26 "蒙尘与划痕"对话框　　　　图9-27 "添加杂色"对话框

(5)中间值:该滤镜利用平均化手段,即用斑点和周围像素的中间颜色作为两者之间的像素颜色来减少图像的杂色,滤镜的对话框中仅有一个"半径"选项,变化范围为1~100像素,值越大,融合效果越明显。

8.画笔描边

"画笔描边"滤镜主要使用不同的画笔和油墨进行描边,从而创建出具有绘画效果的图像外观。需要注意的是,该组滤镜只能在RGB模式、灰度模式和多通道模式下使用。选择"滤镜"→"画笔描边"命令,弹出子菜单,如图9-28所示,画笔描边滤镜共有8种滤镜。

(1)成角的线条:可以产生一种无一致方向倾斜的笔触效果,在不同的颜色中,笔触倾斜角度也不同。使用某个方向的线条绘制图像的亮区,而使用相反方向的线条绘制图像的暗区。图9-29所示为"成角的线条"对话框。

图9-28 "画笔描边"子菜单

(2)墨水轮廓:可以使图像产生钢笔油墨画的风格,用纤细的线条在原图像的轮廓上重新绘制图像。

(3)喷溅:可以在图像中模拟使用喷溅喷枪后颜色颗粒飞溅的效果。

图9-29 "成角的线条"对话框

（4）喷色描边："喷色描边"滤镜和"喷溅"滤镜相似，不同的是该滤镜产生的是可以控制方向的飞溅效果，而"喷溅"滤镜产生的喷溅效果没有方向性。图9-30所示为"喷色描边"对话框。

图9-30 "喷色描边"对话框

（5）强化的边缘：强化图像不同颜色的边界，在图像的边线部分上绘制形成颜色对比的颜色，使图像产生一种强调边缘的效果。

（6）深色线条：可以使图像产生一种很强的黑色阴影。

（7）烟灰墨：以日本画的风格绘画图像，使其看起来像是用蘸满黑色油墨的湿画笔在宣纸上绘画，具有非常黑的柔化模糊边缘的效果。

（8）阴影线：保留原始图像的细节和特征，同时使用模拟的铅笔阴影线添加纹理，产生交叉网状的效果，"阴影线"滤镜产生的效果与"成角的线条"效果相似，只是"阴影线"滤镜产生的笔触间互为平行线或垂直线，且方向不可任意调整。

9. 视频

视频滤镜主要用来处理从摄像机输入或是要输出到录像带上的图像，包括"NTSC颜色"滤镜、"逐行"滤镜，其中"NTSC颜色"滤镜的作用是将图像中的某些颜色转换为适合视频输出的要求，与NTSC视频标准相匹配的颜色；"逐行"滤镜可以用来矫正视频图像中锯齿或跳跃的画面，使图像更平滑。

10. 素描

素描滤镜使用前景色和背景色替代图像的颜色，模拟素描、手工速写等艺术效果。选择"滤镜"→"素描"命令，弹出子菜单，如图9-31所示，素描共有14种滤镜。"素描滤镜"素材如图9-32所示。

图9-31 "素描"子菜单　　　　　　　　图9-32 "素描滤镜"素材

（1）半调图案：使图像在保持连续的色调范围的同时，模拟一种半调网屏的效果，"半调图案"对话框如图9-33所示。

图9-33 "半调图案"对话框

181

（2）便条纸：滤镜能产生类似于用手工制成的纸张构建的图像的效果。应用"便条纸"滤镜后的效果如图9-34所示。

（3）粉笔和炭笔：产生一种用粉笔和炭笔涂抹的草图效果，使用前景色为炭笔颜色，背景色为粉笔颜色来绘制图像。

（4）铬黄渐变：通过明暗渐变模拟出银质的表面效果。

（5）绘图笔：可以使图像产生一种素描勾绘的画面效果，并使用前景色为画笔颜色，背景色为纸张颜色来替换原图颜色。

（6）基底凸现：滤镜使图像呈现一种浅浮雕的雕刻效果，用前景色填充较暗的区域，用背景色填充较亮的区域。"基底凸现"效果如图9-35所示。

图9-34 "便条纸"效果

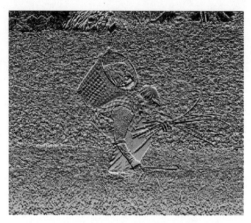
图9-35 "基底凸现"效果

（7）石膏效果：将二维的图像结合前景色和背景色，为图像着色之后形成了3D的效果形式。

（8）水彩画纸：模拟在纤维纸上涂抹水彩的效果，特点是颜色的流动和混合，类似于在潮湿的水彩纸上作画。此滤镜非常适用于为数字图像添加自然和艺术的水彩纹理效果。

（9）撕边：用粗糙、撕破的纸片状重建图像，再用前景色和背景色为图像着色。

（10）炭笔：可以使图像产生一种用炭笔勾勒出的草图效果。

（11）炭精笔：在图像的暗区使用前景色，在亮区使用背景色，在图像上会出现模拟炭精笔纹理。

（12）图章：能产生一种模拟印章画的效果。印章部分是前景色，其余为背景色。图9-36所示为"图章"对话框。

（13）网状：滤镜产生一种如同透过网格向纸张上添加涂料的效果，使阴暗部分呈结块状，高亮部分呈一定的颗粒状。

（14）影印：模拟一种影印图像的效果，使用前景色来显示图像高亮区域，使用背景色来显示图像阴暗区域。

11．转换为智能滤镜

转换为智能滤镜命令除了可以直接为图像添加滤镜效果外，还可以将图像转换为智能对象，然后为智能对象添加滤镜效果。因为普通的滤镜功能一执行，原图层就被更改为滤镜的效果了，如果效果不理想需要恢复，只能从历史记录里退回到执行前。而智能滤镜，就像给图层加样式一样，在"图层"

面板中，可以把这个滤镜删除，或者重新修改该滤镜的参数，可以关掉滤镜效果的小眼睛而显示原图，所以很方便再次修改。

图9-36 "图章"对话框

在Photoshop CC "图层"面板中，按住【Alt】键从一个智能对象拖到另一个智能对象上，即可复制智能滤镜。

12. 纹理

纹理滤镜的主要功能是在图像中加入各种纹理。选择"滤镜"→"纹理"命令，弹出子菜单，如图9-37所示，纹理滤镜共有6种滤镜。

（1）龟裂缝：根据图像的等高线生成精细的纹理，并能产生浮雕效果。图9-38所示为"龟裂缝"对话框。

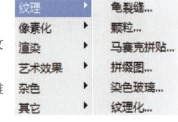

图9-37 "纹理"菜单

（2）颗粒：在原图上增加颗粒点效果的滤镜，可以调整出多种颗粒效果，做出的图像有点类似金子画或沙画的效果。

（3）马赛克拼贴：将图像分割为小的碎片，并在碎片之间增加深色缝隙，产生马赛克拼贴的效果。

（4）拼缀图：将图像分为很多正方形，在图像的不同区域中用显著的颜色对其进行填充。此滤镜随机减小或增大拼贴的深度，以模拟高光和阴影。

（5）纹理化：可以将选择或创建的纹理应用于图像之中。

（6）染色玻璃：将图像重绘为不规则分离的色彩玻璃格子，并用前景色填充相邻单元格之间的缝隙，"染色玻璃"效果如图9-39所示。

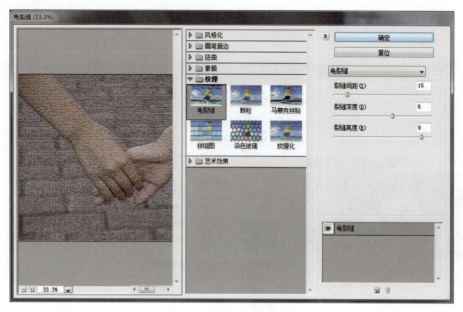

图9-38 "龟裂缝"对话框

13. 艺术效果

艺术效果滤镜可以为图像制作绘画效果或艺术效果。它就像一位熟悉各种绘画风格和绘画技巧的艺术大师，可以使一幅平淡的图像变成大师的力作，且绘画形式不拘一格。它能产生油画、水彩画、铅笔画、粉笔画、水粉画等各种不同的艺术效果。选择"滤镜"→"艺术效果"命令，弹出子菜单，如图9-40所示，艺术效果滤镜共有15种滤镜。

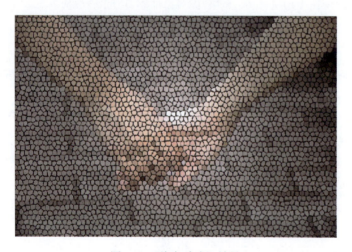

图9-39 "染色玻璃"效果　　　　　　　　图9-40 "艺术效果"子菜单

（1）壁画：能强烈地改变图像的对比度，使暗调区域的图像轮廓更清晰，最终形成一种类似古壁画的效果，"壁画"对话框如图9-41所示。

（2）干画笔：能模仿使用颜料快用完的毛笔进行作画，笔迹的边缘断断续续、若有若无，产生一种干枯的油画效果。

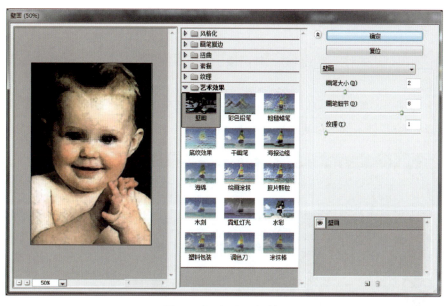

图9-41 "壁画"对话框

（3）粗糙蜡笔：模拟用彩色蜡笔在带纹理的图像上的描边效果。

（4）底纹效果：模拟选择的纹理与图像相互融合在一起的效果。

（5）彩色铅笔：可以模拟彩色铅笔在纯色背景上绘制图像的效果。应用"彩色铅笔"滤镜后的效果如图9-42所示。

图9-42 应用"彩色铅笔"滤镜后的效果

（6）海报边缘：根据设置的海报化选项减少图像的颜色，查找图像的边缘，并在边缘上绘制黑色的线条。

（7）海绵：可以创建带对比颜色的强纹理图像，并能调整图像中颜色的平滑过渡，使图像产生用海绵润湿的效果。

（8）木刻：使图像好像由粗糙剪切的彩纸组成，高对比度图像看起来像黑色剪影，而彩色图像看起来像由几层彩纸构成。"木刻"对话框如图9-43所示。

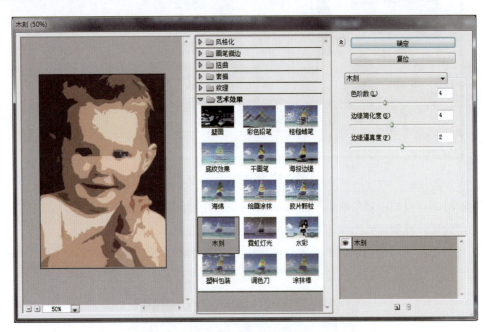

图9-43 "木刻"对话框

（9）绘画涂抹：可以选用各种大小和类型的画笔使图像产生模糊的效果。

（10）胶片颗粒：能够在给原图像加上一些杂色的同时，调亮并强调图像的局部像素。它可以产生一种类似胶片颗粒的纹理效果，使图像看起来如同早期的摄影作品。

（11）调色刀：降低图像的细节并淡化图像，使图像呈现出绘制在湿润的画布上的效果。

（12）霓虹灯光：能够产生负片图像或与此类似的颜色奇特的图像，看起来有一种氖光照射的效果。

（13）水彩：以水彩样式绘制图像，使用装有水和颜料的介质画笔简化图像中的细节。当边缘有显著的色调变化时，此滤镜会使颜色饱满。可以设置画笔细节、阴影强度以及纹理。

（14）塑料包装：使图层渲染看起来像是蒙上了有光泽的塑料，从而突出表面细节。可以设置高光强度、细节和平滑度。

（15）涂抹棒：创建一种类似于用蜡笔或粉笔在纸上涂抹的效果。

14. Digimarc（作品保护）

"作品保护"（Digimarc）主要是让用户添加或查看图像中的版权信息，其主要功能是在图像中产生水印。水印是作为杂色添加到图像中的数字代码，它可以以数字和打印的形式长期保存，且图像经过普通的编辑和格式转换后水印依然存在。选择"滤镜"→"Digimarc"命令，弹出子菜单，如图9-44所示，纹理滤镜共有2种滤镜。

图9-44　Digimarc子菜单

（1）读取水印：可以查看并阅读该图像的版权信息。

（2）嵌入水印：在图像中加入数码水印和著作权信息。

15. 液化

"液化"是一个能够按用户"移动工具"方式移动图像像素的命令，即可以对图像进行液化变形处理，产生扭曲、膨胀、褶皱等效果。选择"滤镜"→"液化"命令，弹出"液化"对话框，如图9-45所示。

图9-45　"液化"对话框

在"液化"对话框中，当用户使用以推、拉、旋转、反射、折叠和膨胀图像等方式移动图像像素的工具对图像进行操作时，图像也将相应变换成这些工具所定义的效果。此命令常用于对图像进行扭曲变形操作，在"液化"对话框的左侧选择相应的工具，右侧是设置操作工具的参数和选项，下面介绍部分工具和选项。

（1）向前变形工具：在图像上拖动，可以使图像的像素随着涂抹产生变形。

（2）重建工具：扭曲预览图像之后，使用重建工具可以产生完全或恢复更改。

（3）褶皱工具：使图像向操作中心点处收缩从而产生挤压效果。

（4）膨胀工具：使图像背离操作中心点从而产生膨胀效果。

（5）左推工具：移动与描边方向垂直的像素。直接拖动使像素向左移，按住【Alt】键的同时拖动将使像素向右移。

（6）画笔大小：设置使用上述各工具操作时，图像受影响区域的大小。

（7）画笔压力：设置使用上述各工具操作时，一次操作影响图像的程序大小。

（8）恢复全部：将整个预览图像改回打开对话框时的状态。

设置相应参数后，选择其中的"向前变形工具"在图像的耳朵上涂抹，效果如图9-46所示。

图9-46　"液化"执行效果图

【案例26】利用滤镜制作水波

【案例26】利用滤镜制作水波

利用滤镜制作图9-47所示的水波。扫一扫二维码，可观看实操演练过程。

操作步骤如下：

（1）打开Photoshop CC，将背景色设置为"黑色"，新建一个宽为600像素，高为500像素的文档，如图9-48所示。

图9-47　水波最终效果图　　　　　　　　图9-48　"新建"对话框

（2）选择"滤镜"→"渲染"→"镜头光晕"命令，弹出"镜头光晕"对话框，设置参数，如图9-49所示，单击"确定"按钮，效果如图9-50所示。

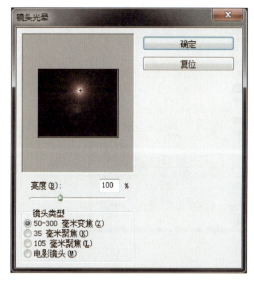
图9-49 "镜头光晕"对话框

图9-50 "镜头光晕"效果图

（3）选择"滤镜"→"扭曲"→"水波"命令，弹出"水波"对话框，设置如图9-51所示。

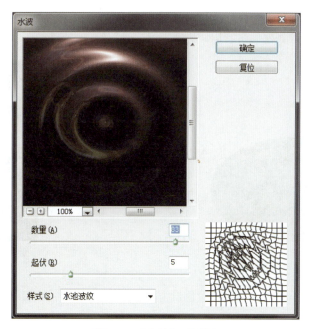
图9-51 "水波"对话框

（4）选择"滤镜"→"素描"→"铬黄"命令，弹出"铬黄渐变"对话框，设置如图9-52所示。

（5）在"图层"面板中新建一个图层，填充自己喜欢的颜色，将图层混合模式设置为"叠加"，最终效果如图9-47所示。

图9-52 "铬黄渐变"对话框

【案例27】西瓜的制作

制作图9-53所示的西瓜。扫一扫二维码,可观看实操演练过程。

操作步骤如下:

(1)新建一个文档,并新建一层,用"椭圆选框工具"绘制一个椭圆,如图9-54所示。

图9-53 西瓜制作最终效果　　　　　　　　图9-54 绘制椭圆

(2)将前景色设置为一种淡黄色,背景色设为墨绿色(R:36,G:114,B:39),用"径向渐变工具"从左上角至右下角进行渐变,如图9-55所示。

(3)新增加一层,用"矩形选框工具"绘制一个长条,填充深绿色(R:2,G:90,B:16),这一层用来制作瓜纹,如图9-56所示。

(4)按住【Alt】键的同时拖动矩形长条进行复制(这种方法复制的内容不会增加新层),如图9-57所示。

图9-55　径向渐变

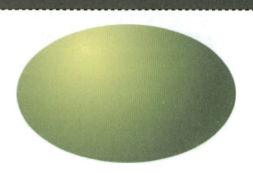
图9-56　矩形选区填充深绿色

图9-57　复制矩形长条

（5）确定当前层为瓜纹层，按住【Ctrl】键的同时单击瓜体层，将其浮动，选择"滤镜"→"扭曲"→"波纹"命令，参数可自定，此处设置大小为中，数量为281，如图9-58所示。单击"确定"按钮，如图9-59所示。

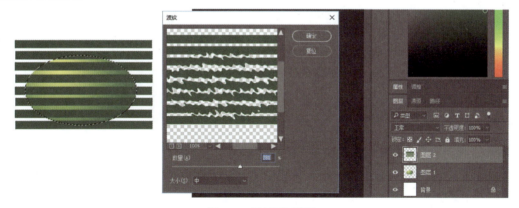
图9-58　"波纹"设置

（6）继续选择"滤镜"→"扭曲"→"球面化"命令，数量设置为100%。单击"确定"按钮后的效果如图9-60所示，完成后反选，将多余瓜纹删除，如图9-61所示。

（7）制作瓜蒂。新增加一层，绘制一矩形选区，填充上深褐色（R：94，G：78，B：27），并添加杂色，选择"滤镜"→"液化"命令，变形至瓜蒂形状，如图9-62所示。

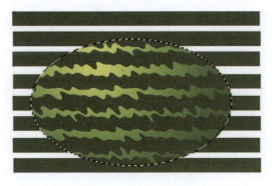
图9-59 确定后的"波纹"效果

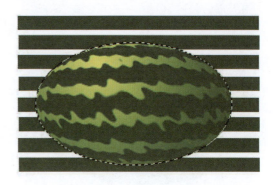
图9-60 "球面化"效果

图9-61 删除多余瓜纹

图9-62 制作"瓜蒂"

(8)将瓜蒂、瓜纹与瓜体层合并。为使西瓜效果更为真实,用"减淡工具"和"加深工具"将高光区和暗调区进行适当调整。最终效果见图9-53。

▸ 讨 论

Photoshop 滤镜可以分为哪三种类型?

▸ 课后动手实践

1. 制作装饰图案。
2. 打造油画效果。
3. 打造完美五官和脸型。
4. 打造高速运动特效。
5. 制作繁星。
6. 制作下雨特效。

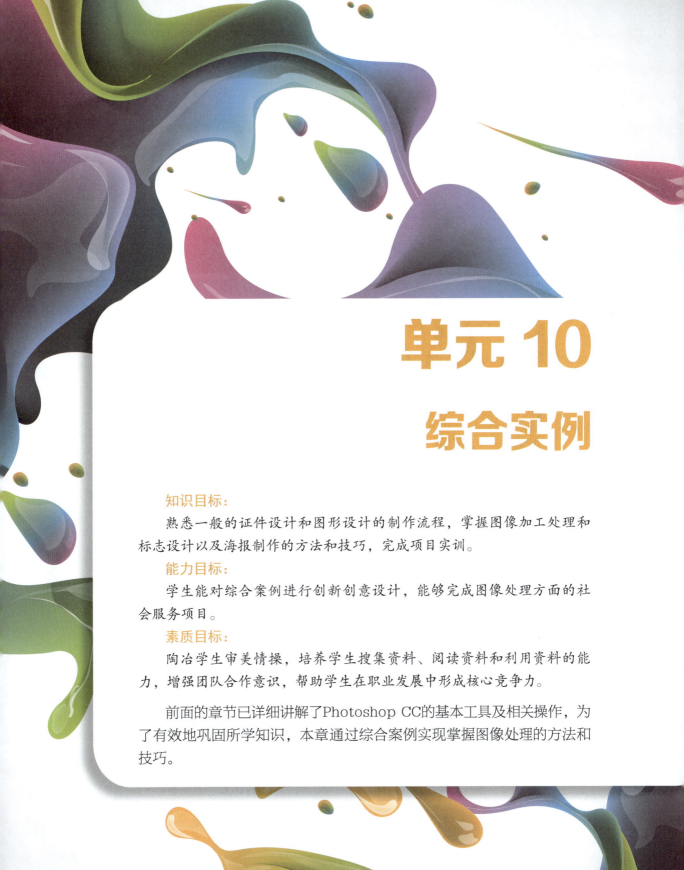

单元 10 综合实例

知识目标：

熟悉一般的证件设计和图形设计的制作流程，掌握图像加工处理和标志设计以及海报制作的方法和技巧，完成项目实训。

能力目标：

学生能对综合案例进行创新创意设计，能够完成图像处理方面的社会服务项目。

素质目标：

陶冶学生审美情操，培养学生搜集资料、阅读资料和利用资料的能力，增强团队合作意识，帮助学生在职业发展中形成核心竞争力。

前面的章节已详细讲解了Photoshop CC的基本工具及相关操作，为了有效地巩固所学知识，本章通过综合案例实现掌握图像处理的方法和技巧。

【综合实例1】制作证件照

【综合实例1】
制作证件照

裁剪宽为1英寸，高为1.5英寸的相片，制成宽为3.5英寸，高为5英寸的证件照（横排3张，竖排3张，共9张相片），背景色为红到白的渐变，如图10-1所示。扫一扫二维码，可观看实操演练过程。

操作步骤如下：

（1）启动Photoshop CC，选择"文件"→"打开"命令，打开"证件照"素材，如图10-2所示。

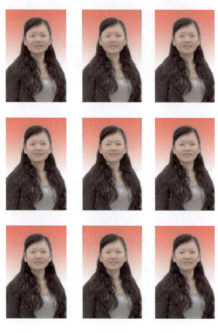

图10-1 "证件照"最终效果　　　　图10-2 "证件照"素材图像

（2）在"图层"面板中双击 图标，弹出"新建图层"对话框，如图10-3所示，单击"确定"按钮。

图10-3 "新建图层"对话框

（3）在工具箱中选择"磁性套索工具"，选取人物图像，如图10-4所示。
（4）选择"选择"→"反向"命令，如图10-5所示。

图10-4 "磁性套索工具"选取人物图像

图10-5 "反向"选区

（5）按【Delete】键删除背景，按【Ctrl+D】组合键取消选区选择，如图10-6所示。

（6）单击"图层"面板中的"创建新图层"按钮，新建图层，如图10-7所示。

图10-6 取消选区选择

图10-7 新建图层

（7）将前景色设置为"红色"，背景色设置为"白色"，在工具箱中选择"渐变工具"，在属性栏中单击"渐变编辑器"，选择"前景色到背景色渐变"，如图10-8所示，单击"确定"按钮。

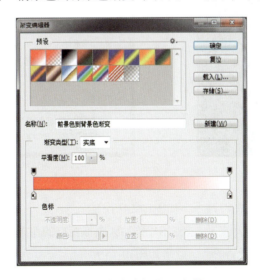
图10-8 "渐变编辑器"对话框

（8）使用"渐变工具"从上到下拖动，效果如图10-9所示。

（9）在"图层"面板中将上述图层拖到底层作为背景层，如图10-10所示。

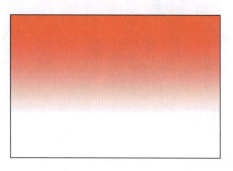 

图10-9　渐变效果　　　　　　　　　　图10-10　调整图层效果

（10）在"图层"面板中选中所有图层并右击，在弹出的快捷菜单中选择"合并图层"命令。

（11）在工具箱中选择"裁剪工具"，在其属性栏中设置裁剪宽度为1英寸，高度为1.5英寸，如图10-11所示，拖动鼠标对图像进行裁剪并提交当前裁剪操作，效果如图10-12所示。

图10-11　"裁剪工具"属性栏

（12）按【Ctrl+A】组合键，选择"编辑"→"拷贝"命令。

（13）选择"文件"→"新建"命令，弹出"新建"对话框，设置如图10-13所示。

 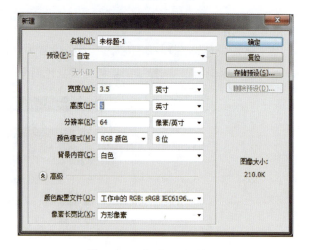

图10-12　裁剪后效果　　　　　　　　　图10-13　"新建"对话框

（14）选择"编辑"→"粘贴"命令，如图10-14所示。

（15）在工具箱中选择"移动工具"，将相片移动到图像窗口的左上角，按住【Alt+Shift】组合键，使用"移动工具"将相片向右复制两次，效果如图10-15所示。

（16）在"图层"面板中选择以上三张相片的图层进行合并，如图10-16所示。

（17）按住【Alt+Shift】组合键，使用"移动工具"将合并的图层相片向下复制两次，最终效果见图10-1。

图10-14 "粘贴"效果

图10-15 三张相片效果图

图10-16 合并图层

【综合实例2】绘制手镯

绘制一个手镯，如图10-17所示。扫一扫二维码，可观看实操演练过程。

【综合实例2】绘制手镯

操作步骤如下：

（1）启动Photoshop CC，选择"文件"→"新建"命令，弹出"新建"对话框，设置参数如图10-18所示。

图10-17 "手镯"最终效果图

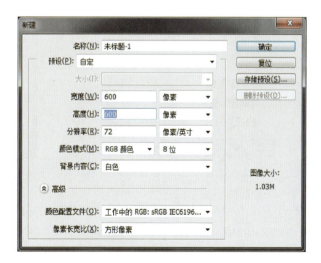

图10-18 "新建"对话框

（2）单击"图层"面板中的"创建新图层"按钮，得到图层1，如图10-19所示。

（3）按【D】键设置前景色和背景色为默认的黑白色，选择"滤镜"→"渲染"→"云彩"命令。如图10-20所示。

图10-19 创建新图层

图10-20 "云彩"命令

（4）选择"选择"→"色彩范围"命令，如图10-21所示。

（5）弹出"色彩范围"对话框，用吸管单击一下图中的灰色，并调整颜色容差到图像显示出足够多的细节，如图10-22所示，设置好后单击"确定"按钮。

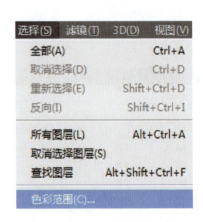

图10-21 "色彩范围"命令

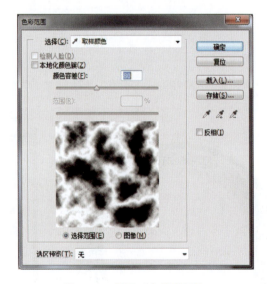

图10-22 设置"色彩范围"

（6）在工具箱中单击前景色按钮，在弹出的对话框中将色条拉到绿色中间，用吸管单击一下较深的绿色如图10-23所示，单击"确定"按钮。

（7）在工具箱中选择"油漆桶工具"，以前景色填充选区，效果如图10-24所示。

（8）选择"视图"→"标尺"命令，在窗口中显示标尺。

（9）用鼠标从标尺处拉出参考线（注意：拉到接近中间1/2处时，参考线会抖动一下，这时停止拖动鼠标,即是水平或垂直的中心线),拉出相互垂直的两条参考线后,图像的中心点就确定了,如图10-25所示。

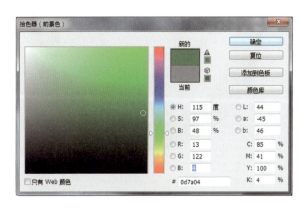

图10-23 设置前景色　　　　　　　　　　图10-24 前景色填充选区效果图

(10)选择"选择"→"取消选择"命令,或按【Ctrl+D】组合键取消选区选择。

(11)在工具箱中选择"椭圆选框工具",在按住【Shift+Alt】组合键的同时拖动鼠标绘制一个以中心参考点为圆心的圆形选区,如图10-26所示。

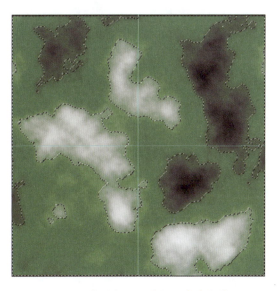 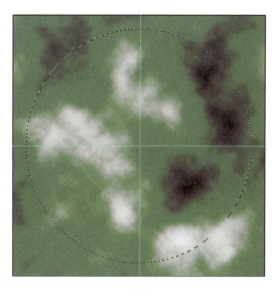

图10-25 拉出相互垂直的两条参考线　　　　图10-26 绘制圆形选区

(12)再次在工具箱中选择"椭圆选框工具",在属性栏中设置从选区减去,以上面的方法绘制出一个比较小的圆形选框,得到一个环形选区,如图10-27所示。

(13)选择"选择"→"反向"命令,按【Ctrl+Shift+I】组合键反选选区,再按【Delete】键删除,效果如图10-28所示。

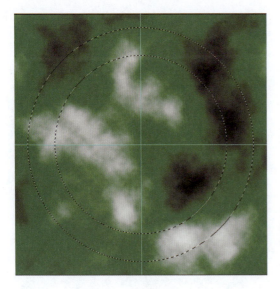

图10-27 环形选区　　　　　　　　　　图10-28 删除选区后效果图

（14）在"图层"面板中双击图层1缩略图，弹出"图层样式"对话框，选中"斜面与浮雕"，设置各项参数如图10-29所示。

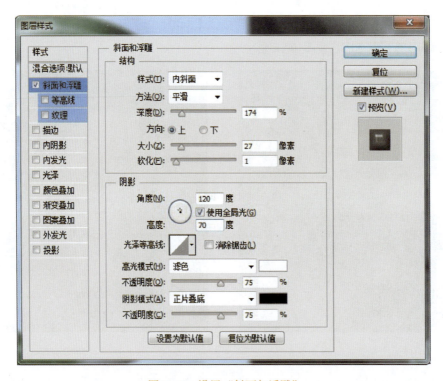

图10-29 设置"斜面与浮雕"

（15）选择"光泽"，设置混合模式色块为绿色，距离和大小可预览图像进行调整，如图10-30所示。

单元10 综合实例

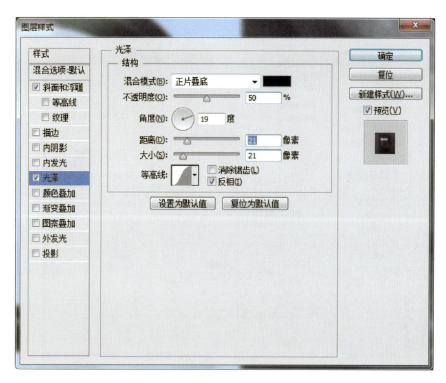

图10-30 设置"光泽"

(16) 选择"投影",设置投影选项如图10-31所示。

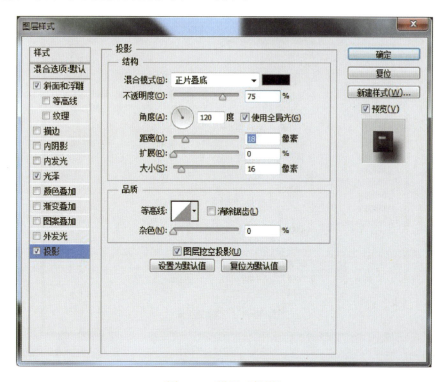

图10-31 设置"投影"

（17）选择"内发光"，将内发光样式色块设置为绿色，如图10-32所示。

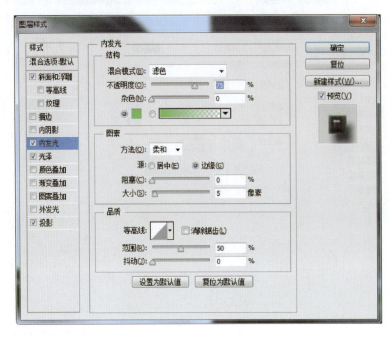

图10-32 设置"内发光"

（18）设置完上述样式后，再次回到"斜面和浮雕"样式，设置阴影模式的色块为绿色，如图10-33所示。注意：这一步是图层样式设置的最后一步，不要提前设置，否则可能得不到通透的效果。

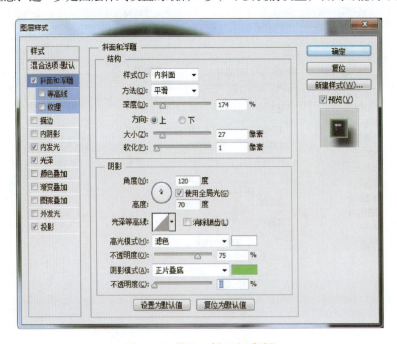

图10-33 设置"斜面和浮雕"

（19）选择"视图"→"清除参考线"命令，最后效果见图10-17。

【综合实例3】火焰人像

设计火焰人像，如图10-34所示。扫一扫二维码，可观看实操演练过程。

操作步骤如下：

（1）启动Photoshop CC，选择"文件"→"打开"命令，打开图10-35所示的素材图像。

图10-34 "火焰人像"最终效果图　　　　　图10-35 火焰人像素材

（2）按【Alt+Shift+Ctrl+B】组合键，弹出"黑白"对话框，如图10-36对话框，调节参数后，单击"确定"按钮，然后按【Ctrl+J】组合键复制一层，对复制后的图层按【Ctrl+I】组合键反相处理。调整图层样式为颜色减淡。选择"滤镜"→"模糊"→"高斯模糊"命令，设置半径为1.8像素，单击"确定"按钮，效果如图10-37所示。

图10-36 设置"黑白"对话框　　　　　图10-37 设置"模糊"后的效果

（3）按【Alt+Ctrl+Shift+E】组合键盖印可见图层，然后按【Ctrl+I】组合键反相。在"通道"面板中复制红色通道，进行色阶或曲线处理。让对比更明显，到时候好提取线稿。按住【Ctrl】键+拷贝的红色通道，载入选区，回到"图层"面板，按【Ctrl+J】组合键复制一层，更改图层名称为"图层3"。用橡皮擦擦除多余的背景，在下面新建一个黑色图层，得到的效果如图10-38所示。

图10-38　增加黑色图层

（4）双击图层3，设置图层样式的内发光、光泽、颜色叠加、外发光参数分别为如图10-39~图10-42所示，确定后的效果如图10-43所示。

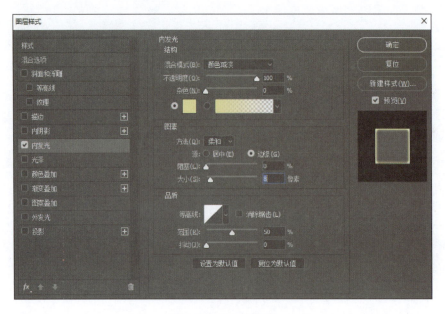

图10-39　设置内发光

单元10　综合实例

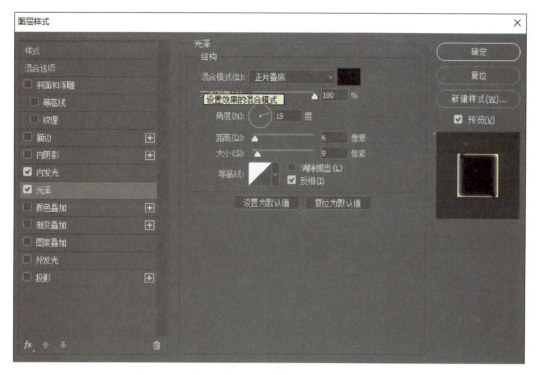

图10-40　设置光泽

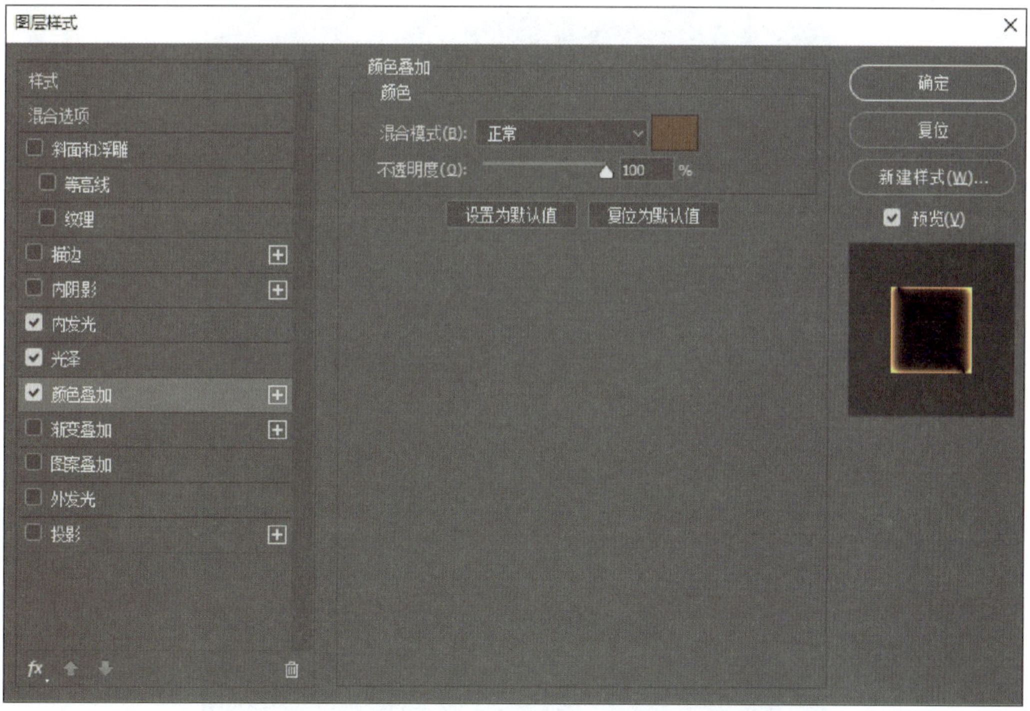

图10-41　设置颜色叠加

205

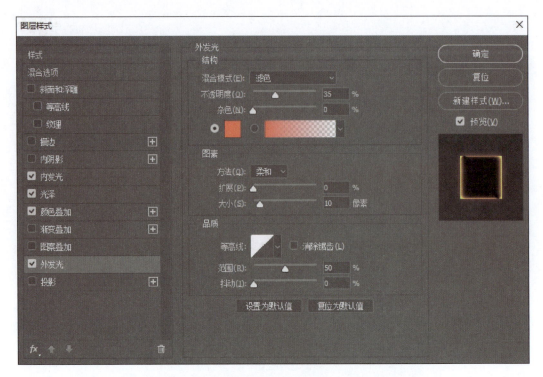

图10-42　设置外发光

图10-43　添加图层样式后的效果

（5）选择"滤镜"→"扭曲"→"波纹效果"命令，数量设置为"55"。

（6）打开火焰素材图像，复制红色通道。按【Ctrl】键+复制的红色通道，载入选区，返回到"图层"面板，按【Ctrl+J】组合键复制一层，更改图层名为火焰，如图10-44所示。

（7）将火焰图层拖动到前面处理好的火焰人像素材文件中，更改图层样式为滤色，拖动火焰到合适位置，添加蒙版，用"画笔工具"擦掉多余的部位。

（8）不断重复步骤（7），在最上面新建一个镂空的黑色矩形，并将其羽化适当的像素，如图10-45所示。

图10-44 火焰　　　　　　　　　　　图10-45 羽化后的效果

（9）对图10-45所示图像进行局部锐化处理，最终完成效果见图10-34。

【综合实例4】制作放射文字

制作图10-46所示的放射文字。扫一扫二维码，可观看实操演练过程。

视　频

【综合实例4】
制作放射文字

图10-46 "放射文字"最终效果图

操作步骤如下：

（1）启动Photoshop CC，将前景色设置为"白色"，背景色设置为"黑色"，选择"文件"→"新建"命令，弹出"新建"对话框，设置参数如图10-47所示。

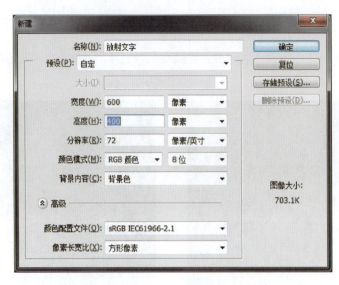

图10-47 "新建"对话框

（2）在工具箱中选择"横排文字工具"，其属性设置如图10-48所示，输入文字内容。

（3）复制文字图层，并将复制图层前的眼睛给取消，将其隐藏。并将原文字图层"栅格化"，如图10-49所示。

图10-48 输入文字

图10-49 文字图层"栅格化"

（4）在工具箱中选择"画笔工具"，在栅格化后的文字图层上，如图10-50所示进行绘制。

（5）选择"滤镜"→"杂色"→"添加杂色"命令，弹出"添加杂色"对话框，设置参数如图10-51所示。单击"确定"按钮，得到图10-52所示的效果。

（6）选择"滤镜"→"模糊"→"径向模糊"命令，弹出"径向模糊"对话框，将数值拉到最大，参数设置如图10-53所示。

单元10 综合实例

图10-50 画笔绘制

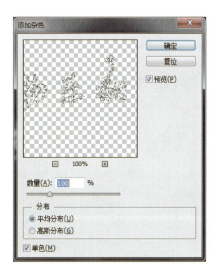

图10-51 "添加杂色"对话框

图10-52 "添加杂色"效果图

图10-53 "径向模糊"对话框

（7）多次按【Ctrl+F】组合键复制"径向模糊"滤镜，效果如图10-54所示。

（8）按【Ctrl+T】组合键将复制出来的图层使用变换工具旋转成不同的角度，用"移动工具"放置在不同的位置，得到图10-55所示的效果。

图10-54 复制"径向模糊"

图10-55 复制、旋转、移动效果图

（9）选择"图层"→"新建调整图层"→"色相/饱和度"命令，弹出"色相/饱和度"对话框，参数设置如图10-56所示。得到图10-57所示的效果。

图10-56　设置"色相/饱和度"　　　　　　　　图10-57　图层效果图

（10）在"图层"面板中创建一个新图层并填充为黑色。选择"滤镜"→"渲染"→"镜头光晕"命令，弹出"镜头光晕"对话框，参数设置如图10-58所示。单击"确定"按钮，得到图10-59所示的效果。

图10-58　"镜头光晕"对话框　　　　　　　　图10-59　"镜头光晕"效果图

（11）将图层的混合模式改变为"滤色"，并将图层拖动到"色相/饱和度"图层的下方，得到图10-60所示的效果。

（12）选择步骤（3）复制的文字图层，将文字颜色设置成黑色。在"图层"面板中单击"添加图层样式"按钮，选择"内发光"，设置发光颜色为"暗红色"，如图10-61所示。

单元10 综合实例

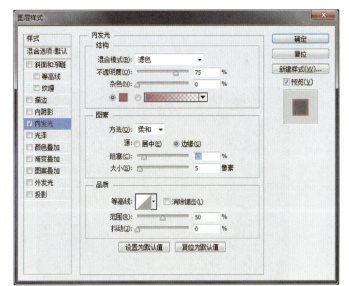

图10-60 图层调整后效果图　　　　　　　　图10-61 设置"内发光"

（13）选择"外发光"样式，设置发光颜色为"浅白色"，如图10-62所示。单击"确定"按钮，最终效果见图10-46。

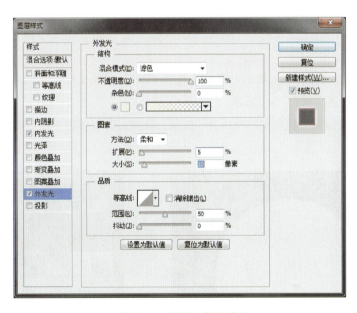

图10-62 设置"外发光"

【综合实例5】促销图标设计

设计图10-63所示促销图标。扫一扫二维码，可观看实操演练过程。

操作步骤如下：

（1）启动Photoshop CC，选择"文件"→"新建"命令或者按【Ctrl+N】组合键，弹出

【综合实例5】
促销图标设计

211

"新建"对话框,设置"宽度"为600像素,"高度"为600像素,"分辨率"为72像素/英寸,"颜色模式"为RGB颜色,"背景内容"为白色,设置参数如图10-64所示。单击"创建"按钮。

图10-63 "促销图标"最终效果

图10-64 新建文件

(2)设置前景色为深蓝色(R:5,G:20,B:60),按【Alt+Delete】组合键,为"背景"图层填充前景色。

(3)设置前景色为白色。在工具箱中选择"椭圆工具",按住【Shift】键不放,在画布中心偏上位置拖动鼠标绘制一个圆,如图10-65所示。

(4)单击"椭圆工具"属性栏中的"填充"按钮,在弹出的面板中单击"渐变"按钮,如图10-66所示。

图10-65 绘制"椭圆"

图10-66 选择"渐变"

（5）双击渐变颜色轴中的"色标"，设置左边的色标为橙红色（R：215，G：45，B：0），右边的色标为橙色（R：255，G：100，B：0），此时"椭圆"将会填充为渐变颜色，效果如图10-67所示。

（6）按【Ctrl+J】组合键，复制"椭圆1"图层，得到"椭圆1拷贝"图层。

（7）单击属性栏中的"填充"按钮，更改渐变颜色轴中的"色标"颜色，将左边色标的颜色更改为深红色（R：175，G：25，B：0），右边色标的颜色更改为红色（R：235，G：75，B：0），效果如图10-68所示。

图10-67 渐变填充效果

图10-68 设置渐变颜色效果

（8）按【Ctrl+T】组合键进入自由变换，按住【Alt+Shift】组合键不放，将"椭圆1拷贝"中的图形缩小，并按【Enter】键确认自由变换，效果如图10-69所示。

（9）按【Ctrl+J】组合键，复制"椭圆1拷贝"，得到"椭圆1拷贝2"。

（10）再次单击属性栏中的"填充"按钮，更改渐变颜色轴中的"色标"颜色，将左边色标的颜色更改为橙黄色（R：255，G：140，B：0），右边色标的颜色更改为黄色（R：255，G：209，B：0），此时画面效果如图10-70所示。

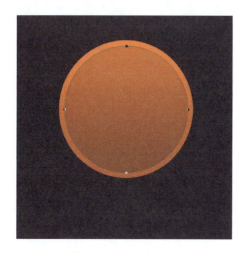

图10-69 自由变换效果

图10-70 设置渐变颜色效果

(11)按【Ctrl+T】组合键进行自由变换,按住【Alt+Shift】组合键不放,将"椭圆1副本2"中的图形缩小,并按【Enter】键确认自由变换,效果如图10-71所示。

(12)按【Ctrl+J】组合键,复制"椭圆1拷贝2",得到"椭圆1拷贝3",如图10-72所示。

图10-71　自由变换效果

图10-72　"图层"面板

(13)按【Ctrl+T】组合键进行自由变换,按住【Alt+Shift】组合键不放,将"椭圆1拷贝3"中的图形缩小,如图10-73所示,按【Enter】键确认。

(14)在"形状选项"面板中设置"填充类型"为无颜色,如图10-74所示。

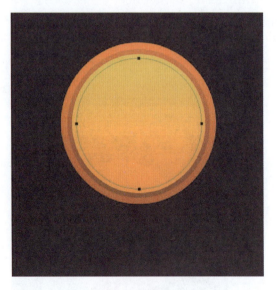

图10-73　缩小圆

图10-74　无颜色填充

(15)单击"形状选项"面板中"描边"按钮,在下拉面板中选择"纯色"填充,并设置填充颜色为白色,如图10-75所示。

(16)在属性栏中设置"描边宽度"为2点,"描边类型"为虚线,如图10-76所示。此时,画布中

"椭圆1副本3"中的图形效果如图10-77所示。

图10-75 设置描边

图10-76 设置描边类型

（17）选择"横排文字工具"，在属性栏中设置"字体"为黑体，"字体大小"为48点，居中对齐文本，"文本颜色"为深红色（R：115，G：20，B：5）。

（18）在"图层"面板中新建"图层1"。在绘制好的图标中心偏上位置单击画布，出现闪动的竖线后，输入中文字符"亏本价"，按【Enter】键，用"移动工具"将文本移动到图10-78所示的位置。

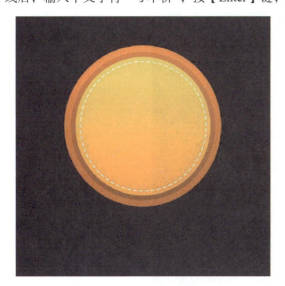

图10-77 描边效果

图10-78 输入中文字符

（19）在工具箱中选择"横排文字工具"，在属性栏中设置"字体"为微软雅黑，"字体大小"为30点，在画布中单击并输入符号"¥"，单击属性栏中的"提交当前所有编辑"按钮，完成当前文字的编辑，效果如图10-79所示。

（20）在工具箱中选择"横排文字工具"，在画布中单击并输入数字"88.8"，单击属性栏中的"提交当前所有编辑"按钮，完成当前文字的编辑。在属性栏中设置"字体"为Adobe黑体，"字体大小"为90点，选择"移动工具"，调整文字内容之间的位置，效果如图10-80所示。

图10-79 输入符号　　　　　　　　　　　图10-80 输入数字

（21）新建图层1，在工具箱中选择"椭圆工具"，"填充"淡黑色，在图标下方绘制一个椭圆作为图标的投影，如图10-81所示。

图10-81 绘制椭圆

（22）选择"选择"→"修改"→"羽化"命令，设置"羽化"为20像素，取消投影的椭圆描边效果，选择"移动工具"，微调各个图层之间的位置，最终效果见图10-63。

（23）按【Ctrl+Shift+S】组合键，以名称"促销图标设计.psd"保存图像在指定的文件夹中。

【综合实例6】水晶效果

设计图10-82所示水晶效果。扫一扫二维码，可观看实操演练过程。

图10-82　最终效果

操作步骤如下：

（1）启动Photoshop CC，选择"文件"→"新建"命令，弹出"新建文档"对话框，设置参数如图10-83所示。

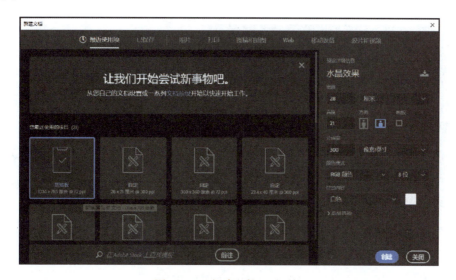

图10-83　"新建文件"对话框

（2）新建图层1，使用"椭圆选框工具"绘制一个圆，任意填充一个颜色，如图10-84所示，复制图层1，按住【Ctrl】键单击"图层1拷贝"层让绿色圆浮动，选择"编辑"→"自由变换"命令，同时按住【Alt+Shift】组合键缩小复制层的圆，如图10-85所示，选择图层1按【Delete】键删除，得到图10-86所示的圆环效果。

图10-84　绘制圆　　　　　　图10-85　缩放复制圆　　　　　　图10-86　删除浮选后的效果

（3）新建图层2，使用"椭圆选框工具"绘制圆，复制一层移动到右边，效果如图10-87所示。

（4）使用"文字工具"输入文字，调整文字字体、大小及画面位置，如图10-88所示。

图10-87　绘制两个圆后的效果　　　　　　图10-88　输入文字"PE"

（5）选择文字P图层，双击添加图层样式，选择"颜色叠加"，参数如图10-89所示，效果如图10-90所示。

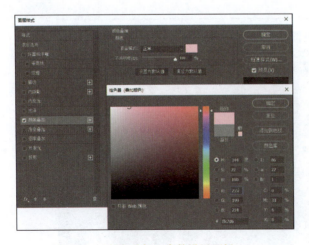 

图10-89　"颜色叠加"参数设置面板　　　　　　图10-90　添加"颜色叠加"样式效果后

（6）添加阴影，设置参数如图10-91所示，效果如图10-92所示。

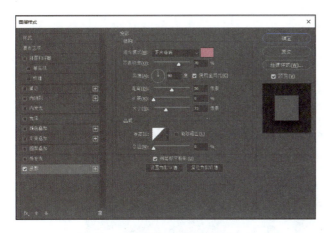 

图10-91 "投影"参数设置面板　　　　　图10-92 添加"投影"样式效果后

（7）添加内阴影，设置参数如图10-93所示，效果如图10-94所示。

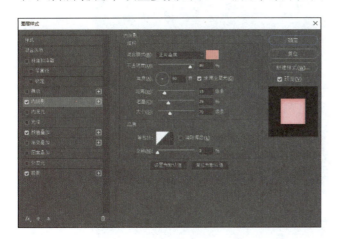 

图10-93 "内阴影"参数设置面板　　　　图10-94 添加"内阴影"样式效果后

（8）添加内发光，设置参数如图10-95所示，效果如图10-96所示。

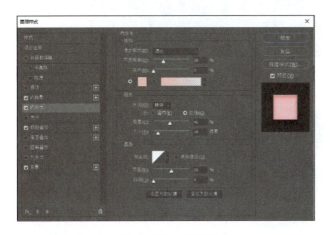 

图10-95 "内发光"参数设置面板　　　　图10-96 添加"内发光"样式效果后

（9）添加斜面与浮雕，设置参数如图10-97所示，并设置等高线参数如图10-98所示，效果如图10-99所示。

图10-97　"斜面和浮雕"参数设置面板

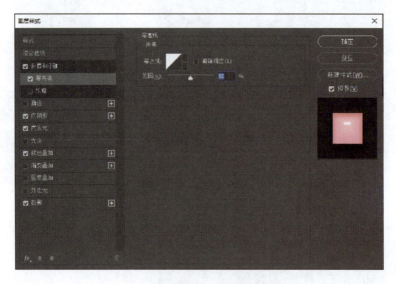

图10-98　"等高线"参数设置面板

图10-99　添加"斜面和浮雕"样式后效果

（10）添加外发光，设置参数如图10-100所示，效果如图10-101所示。

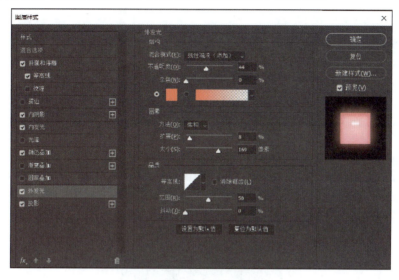

图10-100 "外发光"参数设置面板

图10-101 添加"外发光"样式效果后

（11）右击字母P图层，在弹出的快捷菜单中选择"拷贝图层样式"命令，如图10-102所示，选择其他图层并右击，在弹出的快捷菜单中选择"粘贴图层样式"命令，效果如图10-103所示。

图10-102 拷贝图层样式

图10-103 粘贴图层样式后效果

【综合实例7】中秋节引导页设计

设计图10-104所示中秋节引导页设计效果。扫一扫二维码，可观看实操演练过程。

图10-104　最终效果

操作步骤如下：

（1）启动Photoshop CC，选择"文件"→"新建"命令，弹出"新建"对话框，设置参数如图10-105所示。

图10-105　新建文件对话框

（2）新建一个图层，选择"渐变工具"，选择径向渐变，填充渐变色，设置渐变颜色如图10-106和图10-107所示。

图10-106　设置渐变填充第1个颜色

图10-107　设置渐变填充第2个颜色

（3）使用"渐变工具"从左上方往右下方拉动，填充渐变色后效果如图10-108所示。

（4）新建一个图层，命名为"月亮"，使用"椭圆选框工具"绘制一个圆，如图10-109所示，填充渐变颜色，设置渐变色如图10-110和图10-111所示。

（5）填充效果如图10-112所示，选择"月亮"图层，双击添加"外发光"图层样式，设置参数如图10-113所示。

图10-108 填充渐变后效果　　　　图10-109 绘制圆

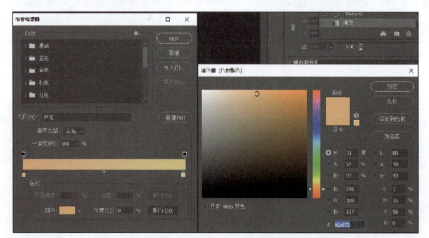

图10-110 设置渐变填充第1个颜色

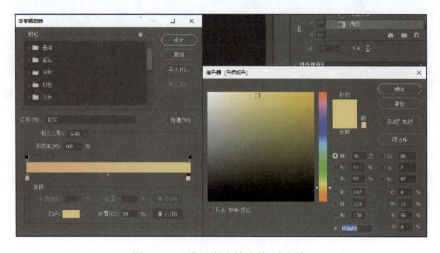

图10-111 设置渐变填充第2个颜色

 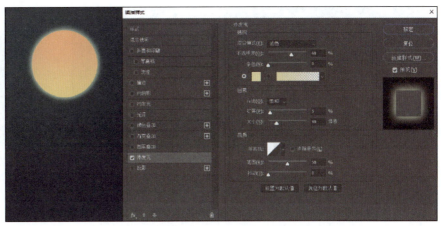

图10-112 填充渐变后效果　　　　　　图10-113 添加"外发光"样式

（6）导入"兔子"素材，调整"兔子"大小放到月亮图层之上合适的位置，如图10-114所示。

（7）使用"钢笔工具"绘制图10-115所示形状并填充黄色（R：255，G：230，B：136），再将此形状复制一层，稍微往下移动，更换颜色为（R：4，G：40，B：54），如图10-116所示。

图10-114 加入"兔子"素材　　　图10-115 使用钢笔工具绘制图形　　　图10-116 复制图形调整后效果

（8）新建图层1，选择"画笔工具"，设置画笔参数如图10-117所示，设置前景色为（R：16，G：135，B：97），使用画笔工具进行绘制，图10-118所示。再次设置前景色为（R：251，G：252，B：128），使用画笔工具进行绘制，如图10-119所示。

（9）将画笔绘制的图层1复制一层，在菜单栏中选择"滤镜"→"杂色"→"添加杂色"命令，设置参数如图10-120所示，效果如图10-121所示。

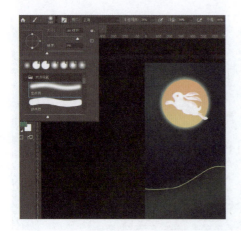  

图10-117 设置画笔参数　　图10-118 使用画笔绘制后　　图10-119 再次使用画笔绘制后

图10-120 "添加杂色"对话框　　图10-121 添加"杂色"后效果

（10）右击图层1在弹出的快捷菜单中选择"创建剪切蒙版"命令，用同样的方法将"图层1拷贝"层也创建剪切蒙版，如图10-122所示。

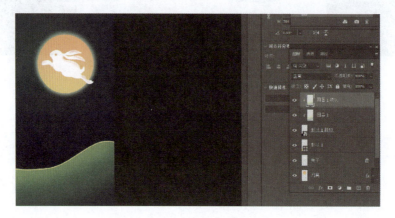

图10-122 创建剪切蒙版

（11）使用同样的方法制作图10-123所示效果，输入文字"月满人间"，再将其他素材元素导入，调整大小及位置，效果如图10-124所示。

图10-123　再次绘制图形效果

图10-124　输入文字后效果

讨　论

哪个命令能够按用户"移动工具"方式移动图像像素？

课后动手实践

1. 制作"爱我中华"海报作品。
2. 商业广告设计。
3. 包装设计。
4. 房地产DM宣传单设计。
5. 促销图标设计。

附录　Photoshop CC常用快捷键

1. 工具箱

功　能	快捷键
移动工具	【V】
矩形、椭圆选框工具	【M】
套索、多边形套索、磁性套索	【L】
快速选择工具、魔棒工具	【W】
裁剪、透视裁剪、切片、切片选择工具	【C】
吸管、颜色取样器、标尺、注释、123计数工具	【I】
污点修复画笔、修复画笔、修补、内容感知移动、红眼工具	【J】
画笔、铅笔、颜色替换、混合器画笔工具	【B】
仿制图章、图案图章工具	【S】
历史记录画笔工具、历史记录艺术画笔工具	【Y】
橡皮擦、背景橡皮擦、魔术橡皮擦工具	【E】
渐变、油漆桶工具	【G】
减淡、加深、海棉工具	【O】
钢笔、自由钢笔、添加锚点、删除锚点、转换点工具	【P】
横排文字、直排文字、横排文字蒙版、直排文字蒙版	【T】
路径选择、直接选择工具	【A】
矩形、圆角矩形、椭圆、多边形、直线、自定义形状工具	【U】
抓手工具	【H】
旋转视图工具	【R】
缩放工具	【Z】
添加锚点工具	【+】
删除锚点工具	【-】
默认前景色和背景色	【D】
切换前景色和背景色	【X】
切换标准模式和快速蒙版模式	【Q】

附录　Photoshop CC常用快捷键

续表

功　能	快捷键
标准屏幕模式、带有菜单栏的全屏模式、全屏模式	【F】
临时使用移动工具	【Ctrl】
临时使用吸色工具	【Alt】
临时使用抓手工具	【空格】
打开工具选项面板	【Enter】
快速输入工具选项（当前工具选项面板中至少有一个可调节数字）	【0】至【9】
循环选择画笔	【[】或【]】
建立新渐变（在"渐变编辑器"中）	【Ctrl+N】

2. 文件操作

功　能	快捷键
新建图形文件	【Ctrl+N】
用默认设置创建新文件	【Ctrl+Alt+N】
打开已有的图像	【Ctrl+O】
打开为	【Ctrl+Alt+O】
关闭当前图像	【Ctrl+W】
保存当前图像	【Ctrl+S】
另存为	【Ctrl+Shift+S】
存储为Web所用格式	【Ctrl+Alt+Shift+S】
页面设置	【Ctrl+Shift+P】
打印	【Ctrl+P】
打开"预置"对话框	【Ctrl+K】

3. 选择功能

功　能	快捷键
全部选取	【Ctrl+A】
取消选择	【Ctrl+D】
重新选择	【Ctrl+Shift+D】
羽化选择	【Shift+F6】
反向选择	【Ctrl+Shift+I】
路径变选区（数字键盘的）	【Enter】

续表

4. 视图操作	
功　能	快捷键
显示彩色通道	【Ctrl+2】
显示单色通道	【Ctrl+数字】
放大视图	【Ctrl++】
缩小视图	【Ctrl+-】
满画布显示	【Ctrl+0】
实际像素显示	【Ctrl+Alt+0】
左对齐或顶对齐	【Ctrl+Shift+L】
中对齐	【Ctrl+Shift+C】

5. 编辑操作	
功　能	快捷键
还原/重做前一步操作	【Ctrl+Z】
还原两步以上操作	【Ctrl+Alt+Z】
重做两步以上操作	【Ctrl+Shift+Z】
剪切选取的图像或路径	【Ctrl+X】或【F2】
拷贝选取的图像或路径	【Ctrl+C】
合并拷贝	【Ctrl+Shift+C】
将剪贴板的内容粘到当前图形中	【Ctrl+V】或【F4】
将剪贴板的内容粘到选框中	【Ctrl+Shift+V】
自由变换	【Ctrl+T】
应用自由变换（在自由变换模式下）	【Enter】
从中心或对称点开始变换（在自由变换模式下）	【Alt】
限制（在自由变换模式下）	【Shift】
扭曲（在自由变换模式下）	【Ctrl】
取消变形（在自由变换模式下）	【Esc】
删除选框中的图案或选取的路径	【Del】
用背景色填充所选区域或整个图层	【Ctrl+BackSpace】或【Ctrl+Del】
用前景色填充所选区域或整个图层	【Alt+BackSpace】或【Alt+Del】
弹出"填充"对话框	【Shift+BackSpace】
从历史记录中填充	【Alt+Ctrl+Backspace】

续表

6. 图像调整

功　能	快捷键
调整色阶	【Ctrl+L】
自动调整色阶	【Ctrl+Shift+L】
打开"曲线调整"对话框	【Ctrl+M】
打开"色彩平衡"对话框	【Ctrl+B】
打开"色相/饱和度"对话框	【Ctrl+U】
去色	【Ctrl+Shift+U】
反相	【Ctrl+I】

7. 图层操作

功　能	快捷键
从对话框新建一个图层	【Ctrl+Shift+N】
以默认选项建立一个新的图层	【Ctrl+Alt+Shift+N】
通过拷贝建立一个图层	【Ctrl+J】
通过剪切建立一个图层	【Ctrl+Shift+J】
与前一图层编组	【Ctrl+G】
取消编组	【Ctrl+Shift+G】
向下合并或合并连接图层	【Ctrl+E】
合并可见图层	【Ctrl+Shift+E】
将当前层下移一层	【Ctrl+[】
将当前层上移一层	【Ctrl+]】
将当前层移到最下面	【Ctrl+Shift+[】
将当前层移到最上面	【Ctrl+Shift+]】

参考文献

[1] 李美满. Photoshop 图像处理案例教程[M]. 北京：中国铁道出版社有限公司，2021.

[2] 李美满. Photoshop 图像处理与设计[M]. 北京：清华大学出版社，2015.

[3] 王惠荣. Photoshop CC 项目化教程[M]. 广州：广东高等教育出版社，2017.

[4] 传智播客高教产品研发部. Photoshop CS6图像处理案例教程[M]. 北京：中国铁道出版社，2016.

[5] 王树琴. Photoshop CS5 平面设计实例教程[M]. 北京：人民邮电出版社，2013.

[6] 郭万军. Photoshop CS5 实用教程[M]. 2版. 北京：人民邮电出版社，2013.

[7] 李涛. Photoshop CC 2015 中文版案例教程[M]. 2版. 北京：高等教育出版社，2018.